发电企业
生产典型事故防范要点及案例解析

燃机发电企业分册

华电电力科学研究院有限公司 编

中国电力出版社
CHINA ELECTRIC POWER PRESS

内 容 提 要

本书以燃气-蒸汽联合循环发电机组为线索，系统阐述联合循环电厂重要设备与系统的生产典型事故防范要点及案例解析。全书共分为五章，内容涵盖了防止燃气轮机本体损坏事故重点要求及燃气轮机本体故障典型案例、防止汽轮机损坏事故重点要求及汽轮机故障典型案例、防止热工控制系统损坏事故重点要求及热工控制系统故障典型案例、防止余热锅炉损坏事故重点要求及余热锅炉故障典型案例、防止电气设备损坏事故重点要求及电气设备故障典型案例等。本书将知识性与专业性融为一体，内容深入浅出、覆盖全面、图文并茂、通俗易懂。

本书可供从事燃气-蒸汽联合循环电厂设计、调试、运行、检修等工作的技术人员、管理人员使用，也可供燃气轮机发电类技术人员和技术学校教学、培训使用。

图书在版编目（CIP）数据

发电企业生产典型事故防范要点及案例解析. 燃机发电企业分册 / 华电电力科学研究院有限公司编. -- 北京：中国电力出版社，2024. 10. -- ISBN 978-7-5198-9233-3

Ⅰ. TM62

中国国家版本馆 CIP 数据核字第 202493Q0M9 号

出版发行：中国电力出版社
地　　址：北京市东城区北京站西街 19 号（邮政编码 100005）
网　　址：http://www.cepp.sgcc.com.cn
责任编辑：刘汝青（010-63412382）　孟花林
责任校对：黄　蓓　常燕昆
装帧设计：赵姗姗
责任印制：吴　迪

印　　刷：三河市万龙印装有限公司
版　　次：2024 年 10 月第一版
印　　次：2024 年 10 月北京第一次印刷
开　　本：787 毫米 ×1092 毫米　16 开本
印　　张：13.5
字　　数：266 千字
印　　数：0001—1500 册
定　　价：88.00 元

前　言

Preface

　　燃气−蒸汽联合循环发电由于具有热效率高、建设周期短、污染物排放少等优点，在世界众多国家得到广泛应用。近年来，为适应电网调峰、区域分布式供能等需要，国内陆续投产了一大批以重型燃气轮机为核心的燃气−蒸汽联合循环发电机组，以及一批以航改机为核心的燃气分布式发电机组，发展至今，燃气−蒸汽联合循环发电机组已成为我国电力系统的重要组成部分。

　　在多年的运行过程中，燃气轮机发电机组出现了各类故障；在历次检修过程中，也发现了诸多影响较大的设备缺陷。为有效汲取燃气轮机发电机组设备故障的经验教训，便于各燃气轮机电厂对照开展隐患排查、借鉴成熟有效经验做法、掌握故障分析与定位方法等，提高天然气发电板块生产管理和专业技术人员水平，提升燃气发电设备可靠性、运行经济性和系统安全性，本书提出了燃气轮机发电企业生产典型事故防范重点要求，收集并整理了行业内燃气轮机发电机组故障典型案例 45 起，涉及燃气轮机本体、汽轮机、热工控制系统、余热锅炉及电气设备等方面。

　　为使读者将联合循环发电设备原理与电厂实际运行相结合，本书编写组对各案例原始报告进行了再分析、再梳理、再总结，同时为便于读者学习借鉴，特别是掌握实际所用设备与故障设备的异同，编写组增加了较多关于相关设备或系统说明的介绍。

　　本书编写过程中得到了相关电厂、科研单位的专家和作者同事的热情帮助，在此一并表示衷心的感谢！限于作者水平，书中可能存有疏漏与不足之处，恳请不吝赐教。

编　者
2024 年 5 月

目 录

Contents

第一章

燃 气 轮 机 本 体

第一节　防止燃气轮机本体损坏事故重点要求

　　为防止燃气轮机本体损坏事故，避免因本体损坏造成人身伤害或重大经济损失，提升燃气轮机的安全性和可靠性，依据《防止电力生产事故的二十五项重点要求（2023版）》（国能发安全〔2023〕22号）、燃气轮机制造厂相关规范等文件，总结分析近年来燃气轮机本体损坏事故经验教训，结合燃气轮机运行、维护等实际情况，提出以下重点要求。

1. 防止燃气轮机轴瓦及轴承损坏事故

　　（1）润滑油冷油器制造时，冷油器切换阀应有可靠的防止阀芯脱落的措施，避免阀芯脱落堵塞润滑油通道导致断油、烧瓦。

　　（2）油系统严禁使用铸铁阀门，各阀门门杆应与地面水平安装，主要阀门应挂有"禁止操作"安全标志。主油箱事故放油阀［航改型燃气轮机（简称航改机）等集装箱式快装机组除外］应串联设置两个钢制截止阀，操作手轮设在距油箱5m以外的地方，有两个以上通道且能保证漏油着火时人员可到达并处于便于操作、便于撤离的地方，手轮应挂有"禁止操作"安全标志，手轮不应加锁。润滑油供油管道中不宜装设滤网，若装设滤网，必须采用激光打孔滤网，并有防止滤网堵塞和破损的措施。

　　（3）安装和检修时要彻底清理油系统杂物，严防遗留杂物堵塞油泵入口或管道。

　　（4）油系统油质应按规程要求定期进行化验，油质劣化应及时处理。在油质不合格的情况下，应全面、深入分析异常原因及可能造成的危害，原则上严禁机组启动。

　　（5）润滑油油压低报警、联锁启动油泵、跳闸保护、停止盘车的定值应按照制造商要求整定，测点的安装位置应按照制造商要求安装。整定值应满足在直流油泵联锁启动的同时必须跳闸停机。对各压力开关应采用现场试验系统进行校验，润滑油油压低时应能正确、可靠地联锁启动交流、直流润滑油泵。

　　（6）直流润滑油泵的直流电源系统应有足够的容量，其各级熔断器应合理配置，防止故障时熔断器熔断使直流润滑油泵失去电源。

（7）交流润滑油泵电源的接触器，应采取低电压延时释放措施，同时要保证自动投入装置动作可靠。

（8）重型燃气轮机应设置主油箱油位低跳机保护，必须采用测量可靠、稳定性好的液位测量方法，并采取三取二的方式，保护动作值应考虑机组跳闸后的惰走时间。机组运行中发生油系统渗漏时，应申请停机处理，避免处理不当造成大量漏油，导致烧瓦。如已发生大量漏油，应立即打闸停机。

（9）油位计、油压表、油温表及相关的信号装置，必须按要求装设齐全并指示正确，分散控制系统（DCS）显示的表计值应与就地显示一致。以上信号装置应定期进行校验。

（10）辅助油泵（包括交流润滑油泵、直流润滑油泵）及其自启动装置，应按运行规程要求定期进行试验，保证油泵处于良好的备用状态。机组启动前辅助油泵必须处于联动状态。机组正常停机前，应先启动交流润滑油泵，确认油泵工作正常后再打闸停机。

（11）油系统（如冷油器、辅助油泵、滤网等）进行切换操作时，应在指定人员的监护下按操作票顺序缓慢进行操作，操作中应严密监视润滑油油压的变化，严防切换操作过程中断油。

（12）机组启动、停机和运行中要严密监视推力瓦、轴瓦乌金温度和回油温度。当温度超过标准要求时，应按规程规定果断处理。

（13）在机组启、停过程中，应按制造商规定的转速停止、启动顶轴油泵。

（14）在运行中发生了可能引起轴瓦损坏的异常情况（如瞬时断油、轴瓦温度急升超过制造商规定的紧急停机值等）时，应紧急停机，在确认轴瓦未损坏之后，方可重新启动。对于配有磁性探测器的航改机，当磁性探测器报警时，应尽快查清报警原因，检查磁性探测器是否吸附有金属碎屑，故障排除或制定合理的措施后，机组方可继续运行。

（15）检修中应注意主、辅油泵出口止回阀的状态，防止断油。

（16）严格执行运行、检修操作规程，严防轴瓦断油。

（17）机组蓄电池按照运行规程规定进行核对性放电试验后，应带上直流润滑油泵、直流密封油泵进行实际带负荷试验。

（18）润滑油系统油泵出口止回阀前应设置可靠的排气措施，防止油泵启动后泵出口堆积空气不能快速建立油压，导致轴瓦损坏。

（19）应保持燃气轮机罩壳内的清洁卫生，避免硬质颗粒污染物进入燃气轮机轴承腔损坏轴承。

2. 防止燃气轮机超速事故

（1）在设计天然气参数范围内，调节系统应能维持燃气轮机在额定转速下稳定运行，甩负荷后能将燃气轮机组转速飞升控制在超速保护动作值以下并迅速稳定至额定转速。

（2）燃气关断阀和燃气控制阀（包括燃气压力和燃气流量调节阀）应能关闭严密。新投产机组及大修后机组应进行调节系统静态试验及关闭时间测试，阀门开关动作过程迅速且无卡涩现象。自检试验不合格，燃气轮机组严禁启动。

（3）电液伺服阀（包括各类型电液转换器）的性能必须符合要求，否则不得投入运行。油系统冲洗时，电液伺服阀必须按规定使用专用盖板替代，不合格的油严禁进入电液伺服阀。运行中要严密监视其运行状态，不卡涩、不泄漏且系统稳定。大修中要进行清洗、检测等维护工作。备用伺服阀应按照制造商的要求条件妥善保管。

（4）燃气轮机组轴系应至少安装两套转速监测装置在不同的转子上。两套装置转速值相差超过 30r/min 后 DCS 应发报警。技术人员应分析原因，确认转速测量系统故障时，应立即处理。

（5）燃气轮机组重要运行监视表计，尤其是转速表，显示不正确或失效，严禁机组启动。运行中的机组，在无任何有效监视转速手段的情况下，必须停止运行。

（6）汽轮机油和液压油品质应按规程要求定期化验。燃气轮机组投产初期、燃气轮机本体和油系统检修后以及燃气轮机组油质劣化时，应缩短化验周期。汽轮机油和液压油的油质应合格，在油质不合格的情况下，严禁燃气轮机组启动。

（7）燃气轮机组电超速保护动作转速一般为额定转速的108% ～ 110%。运行期间电超速保护必须正常投入。超速保护不能可靠动作时，禁止燃气轮机组运行（超速试验所必要的启动、并网运行除外）。燃气轮机组电超速保护应进行实际升速动作试验，保证其动作转速符合有关技术要求。

（8）燃气轮机组大修后，必须按规程要求进行燃气轮机调节系统的静止试验或仿真试验，确认调节系统工作正常。否则，严禁机组启动。

（9）机组正常停机时，严禁违反制造商规定带负荷解列。联合循环单轴机组应先停运汽轮机，检查发电机有功、无功功率达到制造商规定值，再与系统解列；分轴机组应先检查发电机有功、无功功率达到制造商规定值，再与系统解列。

（10）对新投产的燃气轮机组或调节系统进行重大改造后的燃气轮机组必须进行甩负荷试验。

（11）要慎重对待调节系统的重大改造，应在确保系统安全、可靠的前提下，对燃气轮机制造商提供的改造方案进行全面充分的论证。

3. 防止燃气轮机轴系断裂及损坏事故

（1）燃气轮机组主、辅设备的保护装置必须正常投入，振动监测保护应投入运行；燃气轮机组正常运行时瓦振、轴振应达到有关标准的优良范围，并注意监视变化趋势。

（2）严格按照燃气轮机制造商的要求，定期对燃气轮机进行孔探检查，定期对转子进行表面检查或无损探伤。按照 DL/T 438《火力发电厂金属技术监督规程》的相关规定，对高温段应力集中部位应进行表面检验，有疑问时应进行表面探伤。若需要，可选取不影响转子安全的部位进行硬度检验，若硬度相对前次检验有较明显变化时应进行金相组织检验。

（3）严禁使用不合格的转子，已经过制造商确认可以在一定时期内投入运行的有缺陷转子，应对其进行技术评定，根据燃气轮机组的具体情况、缺陷性质制订运行安全措施，并报上级主管部门备案。

（4）严格按照超速试验规程进行超速试验。

（5）为防止发电机非同期并网造成的燃气轮机轴系断裂及损坏事故，应严格落实以下规定的各项措施：

1）微机自动准同期装置应安装独立的同期鉴定闭锁继电器。

2）新投产、大修机组及同期回路（包括电压交流回路、控制直流回路、整步表、自动准同期装置及同期把手等）发生改动或设备更换的机组，在第一次并网前必须进行以下工作：

a）对装置及同期回路进行全面、细致的校核、传动。

b）利用发电机-变压器组带空载母线升压试验，校核同期电压检测二次回路的正确性，并对整步表及同期检定继电器进行实际校核。

c）进行机组假同期试验，试验应包括断路器的手动准同期及自动准同期合闸试验、同期（继电器）闭锁等内容。

（6）新机组投产前和机组大修中，应重点进行以下检查：

1）检查轮盘拉杆螺栓紧固情况、轮盘之间错位、通流间隙、转子及各级叶片的冷却风道。

2）检查平衡块固定螺栓、风扇叶固定螺栓、定子铁芯支架螺栓，并应有完善的防松措施。绘制平衡块分布图。

3）检查各联轴器轴孔、轴销及间隙配合是否满足标准要求，对联轴器螺栓外观及金属进行探伤检验，检查紧固防松措施完好。

4）检查燃气轮机热通道内部紧固件与锁定片的装复工艺良好，防止因气流冲刷引起部件脱落进入喷嘴而损坏通道内的动静部件。

（7）燃气轮机停止运行投盘车时，严禁随意开启罩壳各处大门和随意增开燃气轮机间冷却风机，以防止因温差大引起缸体收缩而使压气机刮缸。在发生严重刮缸时，应立即停运盘车，采取闷缸措施 48h 后，尝试手动盘车，直至投入连续盘车。

（8）机组发生紧急停机时，应严格按照制造商要求连续盘车若干小时后才允许重新启动点火，以防止冷热不均发生转子振动大或残余燃气引起爆燃而损坏部件。

（9）发生下列情况之一，严禁机组启动：

1）在盘车状态听到明显的刮缸声。

2）压气机进口滤网破损或压气机进气道可能存在残留物。

3）机组转动部分有明显的摩擦声。

4）任一火焰探测器或点火装置故障。

5）燃气辅助关断阀、燃气关断阀、燃气控制阀任一阀门或其执行机构故障。

6）燃气辅助关断阀、燃气关断阀、燃气控制阀任一阀门严密性试验不合格。

7）具有压气机进口导流叶片和压气机防喘阀活动试验功能的机组，压气机进口导流叶片和压气机防喘阀活动试验不合格。

8）燃气轮机排气温度故障测点数大于或等于 1 个。

9）燃气轮机主保护故障。

（10）发生下列情况之一，应立即打闸停机：

1）运行参数超过保护值而保护拒动。

2）机组内部有金属摩擦声或轴承端部有摩擦产生火花。

3）压气机失速，发生喘振。

4）机组冒出大量黑烟。

5）机组运行中，燃气轮机轴承振动参数严格按照制造商提供的运行标准控制，轴承振动不应超过制造商规定的报警值，超过时应设法消除；当轴承振动值大于制造商规定的跳闸值时，应立即打闸停机。

6）运行中发现燃气泄漏检测装置报警或检测到燃气浓度有突升，应立即停机检查。

（11）调峰机组应按照制造商要求控制两次启动的间隔时间，防止出现通流部分刮缸等异常情况。

（12）应定期检查燃气轮机、压气机气缸周围的冷却水系统、水洗系统等的管道、接头、泵体，防止其在运行中断裂造成冷水喷在高温气缸上，发生气缸变形、动静摩擦设备损坏事故。

（13）定期对压气机进行孔探检查，防止空气悬浮物或滤后不洁物对叶片冲刷磨损，或压气机静叶调整垫片受疲劳而脱落。定期对压气机进行离线水洗或在线水洗。定期对压气机前级叶片进行无损探伤等检查。检查周期应按制造商要求或严于厂商要求的相关规范执行。

（14）离线水洗完成后应按设备厂家要求进行甩干、烘干或机组启动，不得在离线水洗后直接停机闲置。

（15）定期检查燃气轮机进气系统，防止空气未经过滤或过滤不充分而进入压气机。

（16）燃气轮机热通道主要部件更换返修时，应对主要部件焊缝、受力部位进行无损探伤，检查返修质量，防止运行中发生裂纹断裂等异常事故。

（17）建立燃气轮机组试验档案，包括投产前的安装调试试验、计划检修的调整试验、常规试验和定期试验。

（18）建立燃气轮机组事故档案，记录事故名称、性质、原因和防范措施。

（19）建立转子技术档案，包括制造商提供的转子原始缺陷和材料特性等原始资料；历次转子检修检查资料；燃气轮机组主要运行数据、运行累计时间、主要运行方式、冷热态启停次数、启停过程中负荷的变化率、主要事故的发生原因和处理措施。有关转子金属监督技术资料应完备。根据转子档案记录，应定期对转子进行分析评估，把握转子寿命状态；还应建立燃气轮机热通道部件返修使用记录台账。

4．防止燃气轮机燃气系统泄漏爆炸事故

（1）按燃气管理制度要求，做好燃气系统日常巡检、维护与检修工作。新安装或检修后的管道或设备应进行系统打压试验，确保燃气系统的严密性。

（2）燃气泄漏量达到测量爆炸下限的 20% 时，不允许启动燃气轮机。

（3）点火失败后，重新点火前必须进行足够时间的清吹，防止燃气轮机和余热锅炉通道内的燃气浓度达到爆炸极限而产生爆燃事故。

（4）加强对燃气泄漏探测器的定期维护，每季度进行一次校验，确保测量可靠，防止因测量偏差拒报而发生火灾爆炸。

（5）严禁在运行中的燃气轮机周围进行燃气管系燃气排放与置换作业。

（6）按有关规定做好在役地下燃气管道防腐涂层的检查与维护工作。正常情况下高压、次高压管道（0.4MPa＜p≤4.0MPa）应每 3 年检查一次。10 年以上的管道每 2 年检查一次。

（7）严禁在燃气泄漏现场违规操作，现场进行燃气泄漏处置抢修作业必须严格按燃气泄漏处置的规定执行。日常维护消缺过程必须严格执行动火作业规定，进入危险区域穿戴防静电服、鞋及防护用具，防止作业过程产生静电火花引起爆炸。

（8）燃气调压站内的防雷设施应处于正常运行状态。每年应进行两次检测，其中在雷雨季节前应检测一次，确保接地电阻值在设计范围内。

（9）新安装的燃气管道应在 24h 内检查一次，并应在通气后的第一周进行一次复查，确保管道系统燃气输送稳定安全可靠。

（10）进入燃气系统区域（如调压站、燃气轮机间、前置模块等）前应先消除静电（设防静电球），必须穿防静电工作服，不得穿易产生静电的服装、带铁掌的鞋，不得携带移动电话及其他易燃、易爆品进入燃气系统区域。燃气区域禁止用非防爆设备照相、摄影。

（11）在燃气系统附近进行明火作业时，应严格执行动火管理制度。明火作业的地点所测量的空气含燃气浓度不得超过爆炸下限的 20%，其中甲烷浓度不得超过 1%，并经批准后才能进行明火作业，同时按规定间隔时间做好动火区域危险气体含量检测。

（12）燃气调压系统、前置站等燃气管系应按规定配备足够的消防器材，并按时检查和试验。

（13）严格执行燃气轮机点火系统的管理制度，定期加强维护管理，防止点火器、高压点火电缆等设备因高温老化损坏而引起点火失败。

（14）严禁燃气管道从管沟内敷设使用。对于从户内穿越的架空管道，必须做好穿墙套管的严密封堵，合理设置现场燃气泄漏检测器，防止燃气泄漏引起意外事故。

（15）严禁未装设阻火器的汽车、叉车、电瓶车等车辆在燃气轮机的警示范围或调压站内行驶。

（16）运行、点检人员巡检燃气系统时，必须使用防爆型的照明工具、对讲机，操作阀门尽量用手操作，必要时应用铜制工具进行。严禁使用非防爆型工器具作业。

（17）应结合机组检修，对燃气轮机舱及燃料阀组间天然气系统进行气密性试验，对天然气管道进行全面检查。

（18）机组停运时，禁止采用向燃料关断阀后通入燃气的方式对燃气透平及其他管道设备进行法兰找漏等试验、检修工作。

（19）在天然气管道系统部分投入天然气运行的情况下，与充入天然气相邻的、以阀门相隔断的管道部分必须充入氮气，且要进行常规的巡检查漏工作。

（20）对于与天然气系统相邻的、自身不含天然气运行设备，但可通过地下排污管道等通道相连通的封闭区域，应装设天然气泄漏探测器。

（21）露天布置的调压站、前置模块等燃气系统，应建立并严格执行管道、阀门等设备的定期保养制度，避免设备产生严重锈蚀。

（22）天然气管道放散塔或放空管的设计和安装，应满足 GB 50183《石油天然气工程设计防火规范》中对高度和周围环境的相关规定。

5. 防止燃气轮机热通道部件损坏事故

（1）燃气轮机组并网运行应保持在安全负荷区间，应避免在燃烧模式切换负荷区域长时间运行；合理控制负荷变化速率，避免热部件承受过度热冲击造成异常损坏。

（2）加强对燃气轮机运行过程中排气温度、排气分散度、轮间温度、火焰强度、燃烧脉动压力等运行参数的监视，按要求进行燃烧调整，出现异常应及时采取措施并认真分析，找出设备异常的原因，必要时对燃烧系统进行检查，防止由于燃烧器部件裂纹、涂层脱落、喷嘴堵塞等缺陷造成部件损坏事故。

（3）严格按照燃气轮机制造商要求以及机组运行状态定期对燃气轮机燃烧筒、过渡段、透平喷嘴和动叶片等热通道部件实施内窥镜孔探检查。

（4）新机组投产前和机组大修中，严格执行燃气轮机热通道内部紧固件与锁定片的装复工艺，防止因气流冲刷引起部件脱落进入透平喷嘴而损坏通道内的动静部件。

（5）燃气轮机热通道主要部件更换返修时，应对主要部件焊缝、受力部位进行无损探伤，确保返修质量，防止运行中发生裂纹断裂等异常事故。机组大修中，对于未返厂修理继续使用的热通道部件及动叶叶轮槽，应目视和／或按照制造商要求进行无损探伤检查。

（6）在压气机进气道和压气机本体检修维护工作过程中，应采用目视检查及内窥镜检查方式，确保压气机抽气至透平的冷却通道内清洁无异物，以免异物通过冷却通道进入透平，造成透平热通道部件损坏。

（7）应按照制造商规范严控喷雾冷却液水质，避免高温烟气中过量的碱金属对透平涂层的腐蚀，进而避免透平叶片涂层脱落造成的损害。

（8）对于采用微油天然气增压机的机组，应采用有效措施减少进入燃气轮机燃烧室的天然气中的含油量，避免在燃烧器喷嘴处结垢，造成燃料喷嘴堵塞。

（9）建立燃气轮机热通道部件全寿命周期管理技术档案，包括热通道部件原始资料、热通道部件使用记录台账、历次检修检查记录及报告，特别是部件裂纹、涂层脱落等缺陷情况的详细记录等。

6. 防止燃气轮机压气机叶片损坏事故

（1）新机组投产前和机组大修中，应目视和／或无损探伤检查压气机动静叶片及相关焊点，检查压气机可转导叶开度是否正常，确认无卡涩现象，检查压气机可转导叶和缸体无刮擦现象，如有刮擦现象应及时处理。

（2）在压气机进气道和压气机本体检修维护工作过程中，应采用目视检查及内窥镜检查方式，确保燃气轮机进气滤芯后进气道以及压气机本体通流部分清洁无异物。在检修工作结束前应进行彻底全面的检查和清洁。

（3）进入进气室时，应避免带入无关物品。在进气室内作业时（如更换进气滤芯），应避免异物进入进气道。作业结束前，应进行彻底全面的检查和清洁。

（4）应按照制造商规范定期对压气机进行孔探检查，防止空气悬浮物或滤后不洁物对叶片的冲刷磨损，或压气机静叶调整垫片受疲劳而脱落。

（5）应按照制造商规范定期对压气机进行离线水洗或在线水洗。

（6）应按照制造商规范定期对压气机前级叶片进行无损探伤等检查。

（7）应按照制造商规范严控压气机水洗清洗液和喷雾冷却液水质，避免压气机结垢。

（8）燃气轮机启动前，应检查压气机进口滤网是否存在破损或不牢固，压气机进气道是否存在残留物。调峰机组可适当减少启机前的检查频次，原则上每周应至少检查一次。

（9）建立燃气轮机压气机叶片部件技术档案，包括压气机叶片原始资料、压气机叶片使用记录台账、历次检修检查记录及报告、压气机水洗及压气机效率变化台账等。

第二节 燃气轮机本体故障典型案例

一、航改机高压压气机叶片疲劳断裂

1. 设备概况

某公司 2 号燃气轮机型号为 LM6000PF，简单循环机组出力为 45409kW（设计工况），为双转子结构，采用高压轴套低压轴的型式，由一个 5 级低压压气机（LPC）、一个 14 级高压压气机（HPC）、一个 2 级高压透平（HPT）和一个 5 级低压透平（LPT）组成。低压转子由 LPC 和驱动它的 LPT 组成，高压转子由 HPC 和驱动它的 HPT 组成，高压核心部件包括 HPC、燃烧室和 HPT。LM6000PF 结构组成如图 1-1 所示。该机组于 2018 年底投产。

可调式进气导流叶片（VIGV）安装在 LPC 的前端，能够在燃气轮机部分负荷的时候调节空气流量，从而提高燃气轮机部分负荷的效率。空气从 VIGV 入口进入 LPC，LPC 以约 2.4：1 的比例压缩空气。离开 LPC 的空气被导入 HPC，并在怠速和低功耗时由在两个压气机之间的流道内配备的可变旁通阀（VBV）来调节 HPC 的进气量。为进一步控制气流，HPC 配备变距定子叶片（VSV）。HPC 以约 12：1 的比例压缩空气，形成了与环境压力 30：1 的总压缩比。

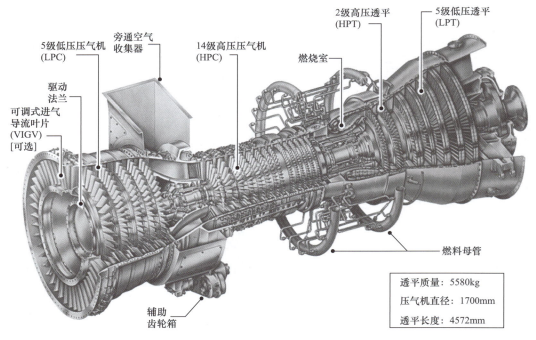

图 1-1　LM6000PF 结构组成

图中标注：

5级低压压气机（LPC）
旁通空气收集器
14级高压压气机（HPC）
2级高压透平（HPT）
5级低压透平（LPT）
燃烧室
驱动法兰
可调式进气导流叶片（VIGV）[可选]
燃料母管
辅助齿轮箱

透平质量：5580kg
压气机直径：1700mm
透平长度：4572mm

2. 事件经过

2019 年 2 月 26 日 11:14:00，2 号燃气轮机负荷 32MW，2 号汽轮机负荷 11.2MW，2 号汽轮机主蒸汽压力 4.4MPa，主蒸汽温度 435℃，补汽投入运行。

11:14:26，2 号燃气轮机发出报警信号 "FUEL & NOX SUPPRESSION SDN"（跳闸继电器 K1 动作，不盘车），2 号燃气轮机异常停机过程中的报警信息记录如图 1-2 所示。

ACK	DATE IN	TIME IN	DATE LAST	TIME LAST	DESCRIPTION	TAGNAME	Value
✓	2/26/2019	16:01:04.699	2/26/2019	16:01:04.699	SEQ:EX2100 - EGD LINK ERR 1	U2_ALM_MSTR032	ALM
✓	2/26/2019	16:01:04.699	2/26/2019	16:01:04.699	SEQ:EX2100 - EGD LINK ERR 2	U2_ALM_MSTR033	ALM
✓	2/26/2019	11:26:25.532	2/26/2019	11:26:25.532	SEQ:TWO MIN TO 4 HR LOCKOUT	U2_ALM_MSTR235	ALM
✓	2/26/2019	11:16:26.176	2/26/2019	11:16:26.176	SEQ:VAR SHED FLT	U2_ALM_MSTR030	ALM
✓	2/26/2019	11:15:54.788	2/26/2019	11:15:54.788	SEQ:GEN RAIR TMP L	U2_ALM_MSTR350	ALM
✓	2/26/2019	11:15:22.306	2/26/2019	11:15:22.306	SEQ:FIRE/GAS MONITOR FLT	U2_ALM_MSTR067	ALM
✓	2/26/2019	11:14:58.701	2/26/2019	11:14:58.701	SEQ:FIRE SUPRSNT AGENT RELSD	U2_SDN_MSTR006	ALM
✓	2/26/2019	11:14:49.865	2/26/2019	11:14:49.865	SEQ:EX2100 SUMMARY ALM	U2_ALM_MSTR034	ALM
✓	2/26/2019	11:14:32.606	2/26/2019	11:14:32.606	SEQ:IGPS (DGP) FLT	U2_ALM_MSTR203	ALM
✓	2/26/2019	11:14:29.570	2/26/2019	11:14:29.570	SEQ:L GAS PRS CRV ACTIVE	U2_ALM_MSTR189	ALM
✓	2/26/2019	11:14:29.379	2/26/2019	11:14:29.379	SEQ:FIRE/GAS MONITOR SD	U2_SDN_MSTR008	ALM
✓	2/26/2019	11:14:26.333	2/26/2019	11:14:26.333	CORE:PS3 STALL DETECT	U2_SDN_CORE007	ALM
✓	2/26/2019	11:14:26.333	2/26/2019	11:14:26.333	SEQ:FUEL & NOX SUPPRESSION SDN	U2_SDNGEN032	ALM
✓	2/26/2019	11:14:26.333	2/26/2019	11:14:26.333	SEQ:CRITICAL PATH SD	U2_SDNGEN031	ALM
✓	1/15/2019	15:50:00.949	1/15/2019	15:50:00.949	SEQ:TURB ROOM AIR INLT TMP L	U2_ALM_MSTR397	ALM

图 1-2　2 号燃气轮机异常停机过程中报警信息记录

11:14:26，发出报警信号 "PS3 STALL DETECT"（检测到喘振）。

11:14:29，2 号燃气轮机发出报警信号 "FIRE/GAS MONITOR SD"（火灾报警系统动作）；2 号燃气轮机消防系统动作，向燃气轮机发动机、发电机舱室喷射 CO_2。异常停机过程中各参数变化曲线如图 1-3 所示。

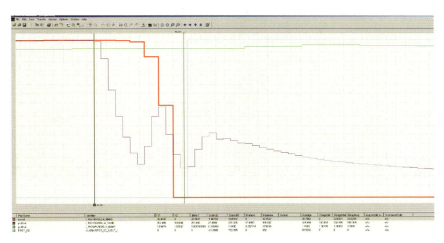

—— 负荷；—— 高压压气机排气压力

图 1-3 异常停机过程中各参数变化曲线

截至事件发生前，2 号燃气轮机累计运行 1071.6h，共计点火运行 51 次，喷水模块（SPRINT）在机组试运完成后一直未投运，投入运行累计 77.2h，投运期间未进行水洗工作。

3. 检查情况

（1）现场检查情况。机组停机后开展检查维护工作，对燃气轮机本体进行内窥镜检查、机械检查，检查内容包括：

1）高、低压压气机，燃烧室，高、低压涡轮内窥镜检查。

2）燃气轮机目视检查。

3）燃气轮机本体外部检查。

4）燃气轮机回油滤网及磁屑探测器检查。

5）燃料系统目视检查、点火系统检查。

6）辅助系统密封、过滤器、管道检查。

7）输入齿轮箱（IGB）花键内窥镜检查。

对高压压气机动叶全部进行内窥镜检查，发现第 1 ~ 10、12、13 级动叶未见明显损伤；第 11 级动叶破损一片，高压压气机第 11 级动叶片损坏情况如图 1-4 所示；第 14 级动叶损伤 4 片，高压压气机第 14 级动叶片损坏情况如图 1-5 所示。

图 1-4 高压压气机第 11 级动叶片损坏情况

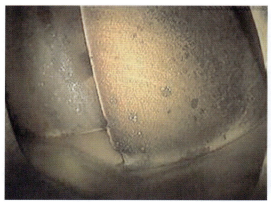

图 1-5　高压压气机第 14 级动叶片损坏情况

　　2 号燃气轮机进气过滤系统采用两级静态式过滤。燃气轮机异常停机后，对压气机进气滤网进行检查，发现粗滤和精滤均较脏，表面存在较多污染物，但其均属于正常的脏污情况。查看滤筒背面也较为清洁，进气系统精滤脏污情况如图 1-6 所示。另外，对进气过滤系统的差压监测只有开关量接到了控制系统，进气平台安装有就地差压表，但由于 2 号燃气轮机进气系统为高位布置，需要爬到进气平台上才能查看就地差压表，不方便实时对进气差压进行监测。

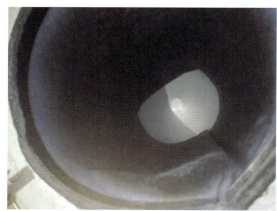

图 1-6　进气系统精滤脏污情况

　　（2）运行参数检查情况。从 2 号燃气轮机喘振前后机组运行参数可以看出，高压压气机排气压力降低时，机组的瓦振没有随之立即增大，随着高压排气压力波动数次后，机组瓦振迅速升高，超过跳机值，具体变化情况如图 1-7 ～图 1-9 所示。另外，随着高压压气机排气压力下降，高压压气机进气温度大幅上升，经判断可能是受了燃气轮机气流反向流动的影响，从而对压气机相关部件造成了一定程度的损坏。

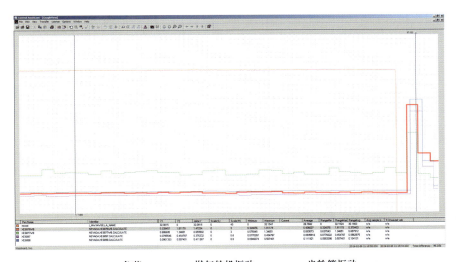

—— 负荷；、—— 燃气轮机振动；、—— 齿轮箱振动

图 1-7 燃气轮机振动情况

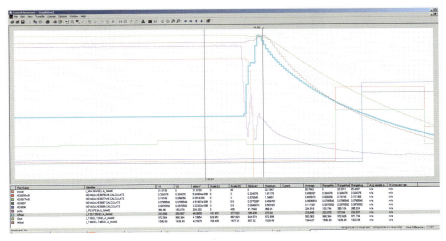

—— 负荷； —— 高压压气机排气压力； —— 高压压气机进气温度；
—— 高压压气机排气温度； —— 低压透平进口温度

图 1-8 燃气轮机运行参数情况

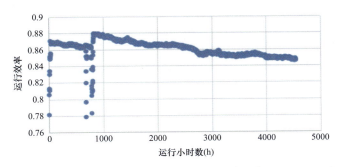

图 1-9 高压压气机效率变化（320 运行小时下降 2.5% ～ 3%）

13

（3）压气机叶片断裂形貌。高压压气机揭缸后，取出受损的第11级和第14级叶片，其中第11级受损1根，第14级受损4根，与前期的内窥镜检查结果相同，第11、14级压气机受损叶片如图1-10所示。第11级受损叶片未见明显塑性变形，第11级压气机断裂叶片如图1-11所示；第14级受损的4根叶片均发现明显的撞击变形特征。因此断定，第11级叶片为首断件，第14级叶片为撞击引起的二次断裂件，断口分析仅针对第11级叶片开展。

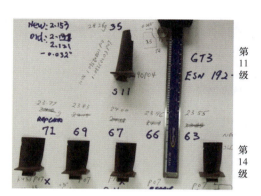

图 1-10　第 11、14 级压气机受损叶片

图 1-11　第 11 级压气机断裂叶片

采用扫描电镜对第11级叶片进行观察，第11级压气机叶片断口全貌如图1-12所示，从图1-12可以看出，整个断口主要由两个内凹面组成，分别记为断裂Ⅰ区、断裂Ⅱ区。其中断裂Ⅰ区左下角处发现较为明显的疲劳源，疲劳源区光滑，呈扇形状。断裂Ⅰ区的上侧棱边光滑，有片层状撕裂痕迹；下侧棱边尖锐，有刮磨痕迹。图1-12中的虚线处为断裂Ⅰ区的终止区，也是断裂Ⅱ区的起裂区，曲线左侧有多个疲劳台阶，沿着裂纹扩展的方向，其尺寸明显增大。与断裂Ⅰ区不同的是，断裂Ⅱ区的上侧棱边可见刮磨痕迹，而下侧棱边呈现出片层状撕裂，且在右侧可见粗糙的瞬断区。

图 1-12　第 11 级压气机叶片断口全貌

对第11级叶片断裂Ⅰ区的断裂形貌进行微观观察，第11级叶片断裂Ⅰ区局部微观形貌如图1-13所示。断裂Ⅰ区光滑的扇形状裂纹源区见图1-13（a），在其附近并未见明显的贝纹线、河流花样、疲劳条纹等特征，这与叶片特殊的形状和应力分布有关。由

图 1-11 和图 1-12 可见，裂纹面基本沿着叶片的长度方向，平行于离心应力方向。裂纹在疲劳源区形成后，裂纹尖端存在较大的应力集中，可能会沿着多个方向扩展，一方面向叶片出气侧扩展，另一方面沿着叶片进气侧的棱边扩展，随着裂纹的张开和闭合以及气流的扰动，导致裂纹面上形成明显的刮磨痕迹［见图 1-13（b）、（c）］。当裂纹扩展到一定程度，剩余截面上的结合力小于外力时，裂纹沿着叶片出气侧的棱边同时发生撕裂，形成了断口平整的片层状撕裂形貌［见图 1-13（b）］。

  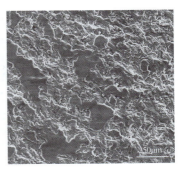

（a）裂纹源及扩展区　　　　（b）扩展区低倍　　　　（c）扩展区高倍

图 1-13　第 11 级叶片断裂 I 区局部微观形貌

第 11 级叶片断裂 II 区局部微观形貌如图 1-14 所示，由图 1-14（a）可见，两断裂区的交界处存在多个平整光滑的晶体学平面，说明断裂 II 区的裂纹存在一定解理断裂特征。图 1-14（a）的右上角可见一些断裂台阶，由上至下台阶尺寸逐渐变大，展示了裂纹的加速开裂行为。由图 1-14（a）还可以看到，断裂 II 区右侧边缘存在深色的刮磨痕迹，左侧边缘则是片层状的撕裂面。图 1-14（b）为断裂 II 区裂纹起裂的放大形貌，可能在断裂 I 区完全断裂后，此处在外力作用下，起裂区开始变形，但很快裂纹尖端的应力集中超过了叶片材料的强度，裂纹向着右侧出气侧棱边和进气侧扩展，尺寸达到一定程度时发生瞬断撕裂。裂纹这种扩展方式导致解理面附近放射状条纹的形成。断裂 II 区的中部可见少量的刮磨平面、少量的二次裂纹，但未见明显的疲劳条纹等特征［见图 1-14（c）］。

 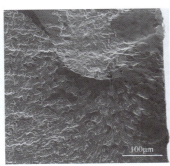 

（a）过渡区　　　　（b）II 区裂纹起裂区　　　　（c）II 区裂纹扩展区

图 1-14　第 11 级叶片断裂 II 区局部微观形貌

为了进一步研究叶片的断裂行为，采用扫描电镜对叶片断口附近的侧表面进行观察，第 11 级叶片断裂侧表面形貌如图 1-15 所示。断裂Ⅰ区的裂纹面较为平直，侧表面上无二次裂纹、滑移带，且未见明显塑性变形特征，断裂Ⅱ区的裂纹面更为粗糙，瞬断时的撕裂行为更加剧烈，侧表面上发现多处二次裂纹〔见图 1-15（c）椭圆框〕，有少量的塑性变形，但也未见滑移带特征。

(a) 断裂Ⅰ区　　　　　　　　　　(b) 过渡区　　　　　　　　　　(c) 断裂Ⅱ区

图 1-15　第 11 级叶片断裂侧表面形貌

断裂Ⅰ区裂纹源附近的侧面形貌见图 1-16（a），可以发现其侧表面存在多条划痕，宽度约 2μm，长度几十微米到几百微米不等，呈多方向交叉分布，同时还存在一些脆性氧化腐蚀产物。局部区域还存在宽度约 100μm，长度达几百微米的条状氧化腐蚀产物，这些氧化腐蚀产物的脱落还导致一些孔洞的形成〔见图 1-16（b）〕。

 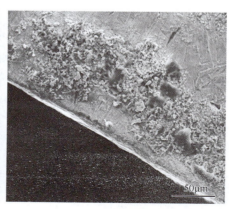

(a) 划痕　　　　　　　　　　　　(b) 氧化物

图 1-16　第 11 级叶片断裂Ⅰ区侧表面上的划痕及氧化物

4. 原因分析

压气机转子叶片属于高速旋转状态下工作的零件，在工作时将承受自身离心拉应力及离心弯矩、气动应力及气动弯矩、热应力和振动交变应力等几类外力的作用。其中，叶片自身质量在旋转时产生的离心力，是转子叶片工作时承受的最大、最主要的应力；弯曲应力是气流冲击叶片时产生的，一般还伴随有扭转应力，离心力和气动力较大，是叶片受力的主要组成部分。压气机转子叶片的工作温度较低，且其具有厚度薄、温差小的特点，所以由此引起的热应力一般很小，可不考虑。需要考虑的振动应力主要是共振、喘振等引起的，这种应力往往频率高，虽然数值不一定很大，但叠加在离心力上后常可导致叶片疲劳断裂。引起的疲劳断裂可分为共振疲劳断裂、微动损伤疲劳断裂、材质缺陷引起的疲劳断裂、外物损伤引起的疲劳断裂、腐蚀引起的疲劳断裂等。

此次 2 号燃气轮机高压压气机第 11 级动叶断裂的事故，根据相关的检查情况可分析认为：

（1）2 号燃气轮机叶片断裂发生在高压压气机第 11 级动叶叶顶的位置，通过内窥镜检查，未发现 1 ~ 10 级叶片有损坏的痕迹，因此基本排除异物进入压气机打伤叶片的可能性；从第 14 级叶片损伤的痕迹判断，应该是第 11 级叶片断裂后对第 14 级叶片造成击打损伤。

（2）此次 2 号燃气轮机高压压气机排气压力下降后，机组瓦振并未立即增大，而是在排气压力波动数次后，机组瓦振才突然出现增大的现象，可能是由于喘振沿气流轴向窜动，而瓦振监测的是机组径向上的振动，叶片断裂通常会使转子径向瞬时产生较大的不平衡力，导致机组振动水平瞬间增大。因此判断此次叶片断裂可能发生在机组喘振之后，是压气机的喘振对叶片的断裂造成了不良影响。

（3）据了解，2 号燃气轮机叶片断裂前，压气机效率不断呈下降的趋势，进气滤网也较脏，可能由于电厂基建及调试期间现场环境、空气质量等较差，导致滤网脏污及压气机效率下降较快等情况出现。经分析，高压压气机效率在运行 320 运行小时的情况下，效率下降 2.5% ~ 3%。以上情况的发生均会减小压气机的喘振裕度，当环境条件突然劣化时（如空气湿度突然增大、沙尘天气等），可能会诱发喘振的发生，进而对压气机通流部件的寿命、强度等造成影响。但压气机设计会留有一定喘振裕度，高压压气机效率下降 3% 左右通常不足以引起压气机喘振。

（4）通常情况下，单一一次喘振引起压气机叶片发生断裂的可能性较小，喘振发生前，可能在压气机的某一级发生局部气流脱落或失稳等现象，该现象难以监测，但机组长时间处在该种运行工况下，容易造成叶片疲劳损伤，当气流脱落频率与叶片高阶固有频率重合时，容易造成叶片共振疲劳断裂。

（5）断口观察和分析表明，第 11 级叶片顶端存在扇形疲劳源区，叶片断口由两个断裂凹面组成，先是断裂 I 区发生开裂，随后断裂 II 区发生开裂。每个区域的断裂均经过裂纹萌生 + 裂纹扩展 + 瞬断撕裂的过程。裂纹萌生后，不仅会向着叶片的另一侧扩展，造成另一侧发生片层状撕裂，还会沿着叶片的棱边扩展，形成大量的刮磨小平面。叶片断裂Ⅰ区和断裂Ⅱ区都存在氧化痕迹，说明叶片在出现断裂后仍然运行了一段时间。叶片侧面，尤其是疲劳源区附近存在大量的划痕和氧化腐蚀产物，划痕可能由叶片开口后，叶片之间的碰磨导致。叶片的断口及侧表面未见明显冶金缺陷，如非金属夹杂物、疏松等，断裂特征符合疲劳断裂特征，如存在疲劳源区、扩展区、疲劳台阶、断面反复刮磨、挤压等。引起疲劳断裂的原因可能是气流脱落频率与断裂叶片的某一固有频率相同，引发共振疲劳开裂，也可能是叶片侧面上存在尺寸较大的划痕，在离心应力、离心弯矩、振动交变应力等反复作用下，萌生了疲劳裂纹，造成疲劳断裂。

5. 暴露问题

（1）对机组部分运行参数的监控手段缺失。2号燃气轮机进气滤网差压只有开关量接到了控制系统，缺少模拟量的监测，只能靠巡检定期爬到进气系统平台上，通过就地差压表查看进气滤网的实时差压。由于进气系统平台较高，且只能通过直梯爬上爬下，一是不利于巡检的人身安全；二是不能实时地对进气滤网差压进行监测，如遇雨雪、沙尘暴等天气，进气滤网差压会迅速上升，威胁机组的安全运行。

（2）进气系统过滤效果不佳和水洗不及时，2号燃气轮机从前一次水洗到叶片发生断裂的320运行小时中，压气机效率下降幅度远超运行规程里的水洗条件。水洗不及时会导致压气机积垢，效率降低，压气机的喘振裕度减小，当环境条件突然劣化（如空气湿度突然增大、沙尘天气等）时，可能诱发喘振。

（3）由于相关资料的缺失，电厂技术人员对该类航改机的认知存在不足。对于此次压气机喘振的发生，技术人员对关于机组喘振的逻辑设定、能否通过运行参数提前监控预防等内容缺乏足够了解。

（4）缺少关于机组的相关设计资料。关于压气机叶片的强度检测、材料成分、特性曲线、验收标准等文件较为缺乏。

6. 处理及防范措施

（1）增加各级进气滤网差压监测的模拟量信号到控制系统，方便运行人员实时观测差压的变化情况。

（2）为防范压气机积垢引起的压气机效率大幅降低，诱发机组喘振，甚至引起叶片断裂，应做好压气机效率统计和叶片水洗工作，确保压气机叶片状态良好。

（3）避免燃气轮机在较低负荷下运行，因为低负荷使压气机叶片通道上的不稳定流动增加，容易引起旋转失速、喘振等现象，缩短压气机叶片的使用寿命。

（4）具备条件的情况下，适当缩短机组孔探检查的时间间隔，同时对其他同类型机组进行孔探检查，如有较为明显的损伤，尽早停机处理。

（5）加强培训，提高运行和维护水平。此外，由于航改机当前电厂普遍存在原始资料匮乏的问题，运行维护整体水平较重型燃气轮机有较大的差距，厂家提供资料相对较少，有必要对其运行维护制度进行完善，尤其在定期工作方面，应充分考虑航改机特点，防止类似事故发生，同时要求厂家提供更为详细的技术资料，以保证机组的安全运行。

二、异物进入导致航改机本体受损

1. 设备概况

某公司1号燃气轮机的型号为LM6000PF，简单循环机组出力为45409kW（设计工况），为双转子结构，采用高压轴套低压轴的型式，由一个5级低压压气机（LPC）、一个14级高压压气机（HPC）、一个2级高压透平（HPT）和一个5级低压透平（LPT）组成。低压转子由LPC和驱动它的LPT组成，高压转子由HPC和驱动它的HPT组成，高压核心部件包括HPC、燃烧室和HPT。该机组于2018年底投产。

2. 事件经过

2019年5月10日10:33:40，1号燃气轮机负荷自动由41.7MW下降至37.4MW，同时1号燃气轮机发报警"CORE:VSV FDBK B FLT"，检查变距定子叶片（VSV）开度与设定值匹配。

10:34:05，1号燃气轮机发"CORE:PS3 STALL DETECT"（压气机失速），燃气轮机喘振，触发自动紧急停机，大联锁动作，机组停运。1号燃气轮机异常停机曲线如图1-17所示。

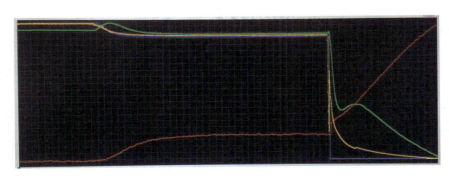

——功率；——压气机排气压力；——高压压气机进气压力；——低压压气机入口压力

图1-17　1号燃气轮机异常停机曲线

3. 检查情况

（1）总体情况。机组停机后开展检查维护工作，对燃气轮机本体进行内窥镜检查、机械检查，检查内容包括：

1）高、低压压气机，燃烧室，高、低压涡轮内窥镜检查。

2）燃气轮机目视检查。

3）燃气轮机本体外部检查。

4）燃气轮机回油滤网及磁屑探测器检查。

5）燃料系统目视检查、点火系统检查。

6）辅助系统密封、过滤器、管道检查。

7）燃气轮机排气蜗壳到余热锅炉入口段。

其中，对进气系统、压气机、燃烧室、透平等进行了重点检查。

（2）进气系统检查。进行粗滤、精滤检查，精滤背部无明显脏污，过滤状态良好。同时，5月6日对压气机进行水洗，水质化验合格。对进气腔室进行检查，经检查其洁净状态良好，进气腔室检查情况如图1-18所示。压气机喇叭口入口前钢丝网存在锈蚀情况，同时存在材料缺失情况，钢丝网锈蚀及材料缺失情况如图1-19所示。其中，框架部分外观检查正常，钢丝网（直径约1mm）缺失部分材料，钢丝纱网存在锈迹，断裂的钢丝网如图1-20、图1-21所示。

图1-18　进气腔室检查情况

图1-19　钢丝网锈蚀及材料缺失情况

图1-20　断裂的钢丝网

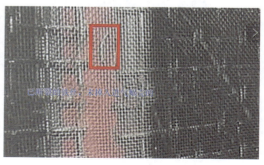

图1-21　进气室异物（10mm×1mm）

（3）压气机检查。经孔探检查，高压压气机动叶 1 ～ 14 级均存在不同程度损伤，其中10、11级损伤较为严重，第10、11级压气机动叶损伤情况如图1-22、图1-23所示，12 ～ 14级严重程度次之。低压压气机0 ～ 4级除第2级基本无损伤外，其他动叶也存在轻微损伤，第0级压气机动叶损伤情况如图1-24所示。

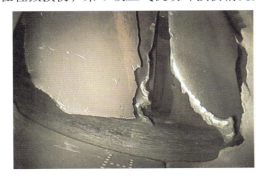
图 1-22　第 10 级压气机动叶损伤情况

图 1-23　第 11 级压气机动叶损伤情况

（4）燃烧室检查。燃烧室除燃料喷嘴处存在轻微冲击损伤外，整体情况良好，燃料喷嘴受损情况如图1-25所示。

图 1-24　第 0 级压气机动叶损伤情况

图 1-25　燃料喷嘴受损情况

（5）透平检查。透平1级和2级高压动叶存在涂层剥落，无明显母材缺失，透平1级动叶进气侧、出气侧受损情况如图1-26、图1-27所示。

图 1-26　透平 1 级动叶进气侧受损情况

图 1-27　透平 1 级动叶出气侧受损情况

4．原因分析

（1）燃气轮机水洗当前按照压气机效率下降3%以内进行。1号燃气轮机5月6日水洗完成，5月10日跳闸，跳闸后未进行水洗工作。现场检查压气机叶片清洁状态良好，排除由于压气机效率低引起的喘振。

（2）粗滤、精滤检查整体状态良好，精滤洁净侧表面清洁，进气腔体洁净侧透光检查无异常。整体过滤效果良好，排除异物通过进气系统粗滤和精滤进入压气机引起损伤。

（3）压气机入口钢丝网存在材料缺失、锈蚀。其中缺失部分为直径约1mm、长10mm的钢丝。考虑到从低压压气机0级到高压压气机14级，均有不同程度冲击损伤，结合压气机入口钢丝网存在一小块缺失，钢丝网后无任何防护设施，推断是脱落钢丝进入压气机对叶片进行冲击，引起高压压气机第10级叶片较大材料脱落，进一步加剧高压压气机下游动叶损伤。相关调查显示，国外不止一个项目曾发现钢丝网碎片贯穿整个压气机。

（4）压气机入口钢丝网网格或框架的损坏，很可能是由于高频振动引起金属丝网预紧力损失，进而造成材料高周疲劳。

5．暴露问题

（1）对机组部分运行参数的监控手段缺失。2号燃气轮机进气滤网差压只有开关量接到了控制系统，缺少模拟量的监测，只能靠巡检定期爬到进气系统平台上，通过就地差压表查看进气滤网的实时差压。由于进气系统平台较高，且只能通过直梯爬上爬下，一是不利于巡检的人身安全；二是不能实时地对进气滤网差压进行监测，如遇雨雪、沙尘暴等天气，进气滤网差压会迅速上升，威胁机组的安全运行。

（2）燃气轮机洁净侧钢丝网存在安全隐患。由于高频振动引起金属丝网预紧力损失，造成材料高周疲劳，易引起钢丝网网格或框架损坏。钢丝网位于进气系统洁净侧，一旦存在锈蚀、脱落等情况，会对压气机直接造成冲击，引发压气机叶片断裂等事故。

6．处理及防范措施

（1）将进气滤网差压开关量监测改为模拟量监测，便于实时观测差压变化，指导进气过滤系统的运行和维护。

（2）为防范压气机入口钢丝网锈蚀、脱落，在安装或更换钢丝网前，应严格检查产品质量；在安装或更换时，应规范作业，避免踩踏或损伤钢丝网；在日常运维时，应定期做好相应的检查和维护，尤其对钢丝网、焊点、连接件等可能存在脱落的部位进行重点检查，及时发现和消除隐患。

（3）可采用厂商改进后的钢丝网进行替换。对全厂其余机组进气系统进行检查。

三、航改机燃料喷嘴堵塞

1. 设备概况

某公司 1 号燃气轮机型号为 LM6000 PF，燃烧系统采用干式低排放（DLE）燃烧系统，包含 30 组燃料喷嘴，75 个燃烧喷头，环形布置，LM6000 燃烧器喷嘴布置方式如图 1-28 所示。燃烧系统由三根独立燃料管通过 15 个分级阀向燃气轮机供应燃料，其中 A 集管（外环）、B 环（中间环）和 C 集管（内环）各由 5 个分级阀控制，15 个分级阀中有一个分级阀控制防贫油熄火（ELBO）歧管燃料流量。B 集管（中间环）的燃料可用于各种工作条件，燃烧室燃烧模式由核心怠速下的 B 集管运行转为全功率时的 A、B、C 三根集管同时运行。在 B 模式运行期间，所有分级阀都未打开，燃料仅在 B 环预混器内燃烧。ABC 模式运行时，所有分级阀处于打开状态，燃料通过 75 根软管向每个预混器内供应燃料。

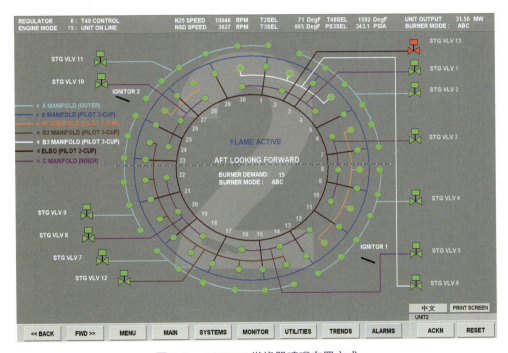

图 1-28　LM6000 燃烧器喷嘴布置方式

2. 事件经过

2018 年 10 月 20 日 21:23:25，1 号机组带负荷 41.5MW 运行，1 号燃气轮机发出报警"首出 ALMCORE 149 核心：高引导温度 ABC 模式"；21:24:50，1 号燃气轮机发出："DM_CORE 047 核心：引导温度高 ABC 模式"，1 号燃气轮机跳闸。初步判断 1 号燃气轮机跳闸原因为燃烧不稳定，然后重新启动1号燃气轮机，于23:42:00燃气轮机并网，24:38:00汽轮机并网，停机时负荷变动曲线如图1-29所示。根据技术人员要求，10月21日01:10:00维持T48温度在849℃，保持燃气轮机负荷31MW、消声动压0.015MPa、温度百分比71%运行。

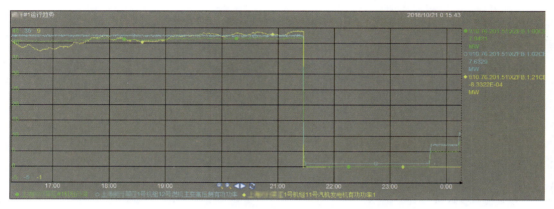

图1-29　停机时负荷变动曲线

3. 检查情况

通过调取1号燃气轮机跳机过程中各参数监控画面以及燃气轮机检修材料，得到相关信息如下。

（1）燃烧超温过程分析。LM6000燃气轮机DLE燃烧系统控制逻辑复杂，燃烧室被周向分为若干区域，控制系统通过调节15个阀门开度计算和控制各区域的燃烧引导温度不超过限定值。

10月20日21:23:25，由于天然气热值波动，各燃料歧管燃烧温度达到2066℃以上时，控制系统延时5s发出报警，延时60s后减小到最小负荷。经检查，跳闸前3min运行过程中，1号燃气轮机消声动压（PX36）由0.017MPa逐步下降至0.014MPa，燃烧室温度百分比（TFPCT）由75%升高至99%，温度百分比切换至100%后，燃烧模式开始在T48控制和最大燃料控制之间来回切换。在此过程中，燃气轮机负荷未见变化，维持在33MW左右。跳机前1min发出高引导温度报警，55s后机组减载（DM）停机。

（2）燃气轮机喷嘴状况分析。1号燃气轮机在25000h中修时对所有30组喷嘴进行流量测试，发现30组喷嘴均存在堵塞现象，并且部分喷嘴堵塞严重。由于无备品备件更换，只能继续用堵塞喷嘴。修后1号燃气轮机运行中出现排放指标偏高的状况。目前1号燃气轮机排气分散度偏高，燃气轮机排气分散度接近88℃，报警值为66℃，NO_x排放指标偏高（平均30mg/m³左右，设计值为15mg/m³），出现两次超标现象（超过

50mg/m³），同时，CO 也较高（300mg/m³）。以上情况说明燃烧存在不正常的冷点和热点，主要原因为燃料分配不均匀。

（3）针对喷嘴堵塞问题对燃气轮机开展燃烧调整。2018 年 10 月 17 日 9:00—15:00、2018 年 10 月 18 日 9:00—15:00，对堵塞的 DLE 进行针对性燃烧调整，通过燃烧调整，使 NOₓ 排放勉强维持在正常水平，但机组燃烧稳定性变差。

（4）喷嘴堵塞原因分析。LM6000 燃气轮机属于航改机，采用航空发动机研发路线，属于双转子燃气轮机，核心机转速高、压比高，天然气需采用增压机加压后才能满足燃气轮机需求。该公司采用螺杆式压缩机，在压缩机运行过程需向两个转子喷润滑油，以起到密封和润滑作用，被压缩的天然气中会携带微量润滑油蒸气和液滴，虽然压气机设置有高精度过滤器，但油或其他液体仍难以完全除去。

天然气携带的微量油滴或油蒸气遇到高温喷嘴马上碳化，沉积在喷嘴周围，随着燃气轮机使用时间增加，堵塞多个直径不到 1mm 的气体喷口。图 1-30 是燃气轮机孔探时拍摄的喷嘴正面图片和纵向剖面图，肉眼可见两个天然气喷口堵塞，喷嘴内部气体管路直径极小。

(a) 喷嘴局部　　　　　　　　　(b) 剖面图

图 1-30　燃气轮机喷嘴局部以及剖面图

通过现场检查了解，喷嘴堵塞成分大致为氧、镍、硫、碳、钙、铁以及微量的钠、钾成分。推断其为天然气增压机后未滤除的润滑油蒸气或天然气内的重烃类燃料未能有效分离，沉积在喷嘴后与喷嘴基材发生氧化反应，导致喷嘴堵塞情况进一步加重。

（5）天然气热值分析结果滞后。该公司天然气热值分析结果没有直接接至燃气轮机控制系统，而是运行人员在燃烧状态发生波动时（如燃烧脉动偏移等情况），以手动修改天然气热值的方式来校核燃气轮机的天然气流量控制。这种操作存在滞后性，一旦天然气热值短时间剧烈波动（见图 1-31，跳闸前 2min 天然气热值有下降变化），机组无法自动修正，需等待人工修正，增加了燃烧不稳定发生的风险。

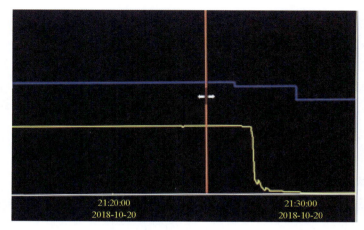

图 1-31　调压站色谱仪 21:20—21:30 天然气热值趋势

4．原因分析

该厂设计时采用油冷式微油天然气增压机（天然气压力由 2.8 ～ 3.0MPa 增压至约 5.0MPa），增压机与燃气轮机之间虽设置了过滤器，但燃气增压机燃气出口处温度高，燃气中的润滑油呈现气雾状，过滤器的过滤作用大为降低。该型号燃气轮机的燃料规范要求进入燃烧室的天然气中不能存在液态物质。上述设计中，自增压机带出的微量润滑油未得到充分去除，通过天然气系统进入燃烧室中，在喷嘴处结垢，造成燃料喷嘴堵塞，影响燃烧系统正常运行，机组出力下降。

5．暴露问题

（1）燃气轮机喷嘴更换不及时，在发现喷嘴堵塞尤其是大面积堵塞情况下，未能及时更换或清洗喷嘴。

（2）燃气增压机燃气出口处温度高，燃气中的润滑油呈现气雾状，使过滤器的过滤作用大为降低。

（3）值班人员经验不足，在引导温度报警至跳机之间的 55s 内，应先采取措施降低燃气轮机负荷，或通过其他方式干预，降低燃烧引导温度，避免跳机发生。

6．处理及防范措施

（1）维持燃气轮机运行并控制燃气轮机负荷使 ABC 模式下 T48 温度不超 849℃、总燃烧温度不超过 2066℃（参考五根歧管中的最大值），若 T48 升高则通过调整热值或者降低负荷来调整。

（2）尽快更换或清洗燃气轮机喷嘴，并在更换或清洗喷嘴之后开展燃烧调整，恢复燃气轮机正常燃烧状态。

（3）将热值分析仪的数据接入燃气轮机控制系统，使控制系统可以实时根据天然气热值做出微调，提高燃气轮机燃烧稳定性。

（4）在增压机后设置更高效的过滤装置，降低或避免天然气中携带润滑油。在条件允许的情况下，可改用无油增压机，杜绝润滑油进入燃烧室的可能。

（5）提升值班人员运行水平，对燃气轮机不正常状态及时有效应对，避免跳机事件再次发生。

四、航改机高压透平护环腐蚀

1. 设备概况

某公司建有 2 套 60MW 级燃气−蒸汽联合循环发电机组，燃气轮机型号为 LM6000PF，简单循环机组出力为 45409kW（设计工况），为双转子结构，采用高压轴套低压轴的型式，由一个 5 级低压压气机（LPC）、一个 14 级高压压气机（HPC）、一个 2 级高压透平（HPT）和一个 5 级低压透平（LPT）组成。低压转子由 LPC 和驱动它的 LPT 组成，高压转子由 HPC 和驱动它的 HPT 组成，高压核心部件包括 HPC、燃烧室和 HPT。

2. 事件经过

2016 年 10 月 4 日，1 号燃气轮机进行定检时，孔探发现高压透平 I 级护环出现涂层材料缺失的情况。之后，该公司 2 号燃气轮机 16000h 停机定检时发现其存在与 1 号燃气轮机类似的缺陷。至此，该公司两台燃气轮机 I 级护环共发现 4 处比较严重的护环表面材料缺失的情况。

3. 检查情况

检查发现护环脱落处出现 10mm × 40mm 左右的月牙形，已露出机匣，后部也有即将烧穿的情况，2 号燃气轮机高压透平 I 级护环腐蚀情况如图 1-32 所示。

图 1-32　2 号燃气轮机高压透平 I 级护环腐蚀情况

通过电镜扫描（SEM）对附着在护环上的材料进行元素分析，发现 Na、K 等碱金属。高温下，碱金属对高压透平涂层有较强的腐蚀性。在环境温度较高时，LM6000 机组可通过喷水手段提升机组出力和效率（界面入口水压为 0.1 ~ 0.3MPa 的未饱和水），喷水来自余热锅炉低压给水。故障后，对燃气轮机喷水处的水质取样检测报告进行分析发现，喷水水质中的固体颗粒物，pH 值，电导率，Na、K 成分存在长期超标现象。其中，Na、K 离子总量在燃气轮机运行 8h 内，超标 74 倍；燃气轮机运行 2500h 左右，仍超标 2 倍左右（标准要求：$<0.2 \times 10^{-6}$），燃气轮机高压透平叶片涂层脱落情况如图 1-33 所示。

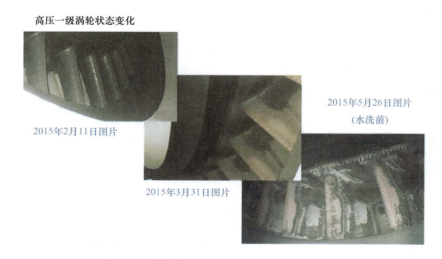

高压一级涡轮状态变化

2015年2月11日图片

2015年3月31日图片

2015年5月26日图片
（水洗前）

图 1-33　燃气轮机高压透平叶片涂层脱落情况

该公司的原水取自厂址附近的河水，原水中 Na 离子最大含量为 107×10^{-6}，设计过程中，采用了"超滤＋一级反渗透＋二级反渗透"工艺方案。其中，一级反渗透脱盐率不小于 98%，二级反渗透脱盐率不小于 95%。上述方案中，在设计原水水质输入条件下，化学系统出水水质中 Na 离子浓度的设计值为 0.107×10^{-6}，原水中未给出 K 离子含量，根据经验判断，K 离子比 Na 离子含量低很多，即使等量考虑，该方案也可满足燃气轮机喷水水质要求。现实运行过程中，由于原水（河水）水质不稳定，出现化学出水时而达不到设计要求的情况，造成喷水水质碱金属严重超标，对高压透平涂层造成较严重的腐蚀。

4. 原因分析

1、2 号燃气轮机高压透平级护环腐蚀故障是由 LM6000 喷水水质不达标所致，主要原因为原水（河水）水质不稳定，出现化学出水时达不到设计要求的情况，造成喷水水质碱金属严重超标。

5.　暴露问题

（1）化学水处理系统设计不合理，设计原水水质输入条件偏离实际较多。

（2）对喷水水质检测和监督不到位。

6.　处理及防范措施

（1）为彻底解决燃气轮机喷水水质问题，在水处理系统中为燃气轮机喷水增加了电除盐（EDI）子系统，并在喷水过程中严控水质，及时检测。

（2）在设计及建设过程中，应做好检查和督导工作，严格把控燃气轮机喷水水质等重要接口条件。

（3）运行初始阶段，化学出水不稳定时，不应投入喷水运行，同时，应特别注重化学监督，及时通过水质指标变化发现异常，指导运行调整。

五、航改机轴承硬质颗粒污染

1.　设备概况

某公司建有一套"二拖一"燃气分布式发电机组，于 2015 年正式投产。燃气轮机型号为 LM2500+G4，采用滚动轴承支撑整个轴系，其中 4B 轴承为球轴承，由外圈、内圈、滚珠和保持架等组成，内外圈、滚珠均为 M50 材质，保持架为 AMS6414 材质。4B 球轴承的外圈安装于燃气轮机机匣，固定不动；内圈装配于高速轴上（过盈配合）并随燃气轮机以 10000r/min 左右的转速高速旋转。内、外圈之间为滚珠和保持架，滚珠与内外圈为点接触，保持架将滚珠均匀隔开。润滑油对滚珠与内外圈滚道之间的摩擦面进行润滑并加以冷却。LM2500 燃气轮机回油腔和轴承位置如图 1-34 所示。

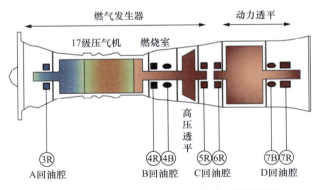

图 1-34　LM2500 燃气轮机回油腔和轴承位置

2.　事件经过

2018 年 4 月 23 日，1 号燃气轮机（运行近 17000h）整机返厂维修完毕后，重新返回现场，安装完成后恢复运行。5月12日1号燃气轮机B回油腔中回油磁性探头报警跳机，停机后检查发现磁性探测器吸附少量金属碎屑。之后，燃气轮机继续运行，分别于5月25日、5月27日和6月2日出现磁性探头报警跳机现象，检查后发现磁性探头有较多金属碎屑积聚，B回油腔回油磁性探头检查结果如图1-35所示，进一步检查发现4B轴承损坏。之后，1号B回油腔回油磁性探头检查结果返厂进行维修。

图1-35　B回油腔回油磁性探头检查结果

3. 检查情况

返厂对磁性探测器吸附的金属碎屑进行材料检测后确认碎屑的主要材质为M50钢，对1号燃气轮机拆解后，对轴承进行检查，发现滚珠上有材料脱落现象，同时外圈滚道表面有硬质颗粒刮损痕迹，如图1-36、图1-37所示。进一步通过扫描电镜检查，显示内圈管道有硬质颗粒污染物镶嵌在涂层内，成分为硅和铝。

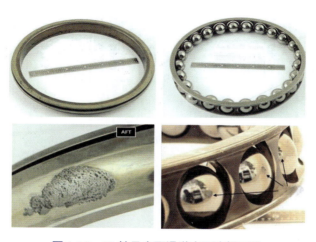

图1-36　4B轴承内环滑道表面磨损严重

图 1-37　4B 轴承滚球表面由于硬质颗粒污染物造成的材料剥落

M50 钢是 4 号轴承材质，产生轴承碎屑的原因是其刮损痕迹中的硅铝合成物，而硅、铝元素是非轴承材料元素。收到上述反馈后，在现场对空气系统和润滑油系统进行排查。

（1）排查空气系统。在燃气轮机罩壳内壁发现破损的硅酸铝降噪隔热材料，发现燃气轮机空气初滤之间的安装连接面处存在 10 ～ 20mm 的缝隙，在燃气轮机进气喇叭口前约 200mm 处的内壁存在 ϕ3mm 左右的孔洞；另外，也发现燃气轮机喇叭口处有较多灰尘，燃气轮机空气过滤器安装、喇叭口污染及精滤孔洞如图 1-38 所示。燃气轮机罩壳的内壁破损处材料（硅酸铝）元素与扫描电镜检查结果一致。

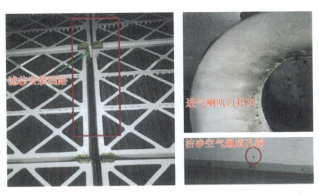

图 1-38　燃气轮机空气过滤器安装、喇叭口污染及精滤孔洞

（2）排查润滑油系统。燃气轮机润滑油系统在供、回油管路上均设有双联过滤器，对 6μm 颗粒物的过滤比为 200（效率为 99.5%）。供油过滤器设置于燃气轮机罩壳侧面的燃气轮机仪表盘内，回油过滤器放置于燃气轮机罩壳旁边的辅助撬体内（含燃气轮机

润滑油系统和液压启动油系统）。事件发生后，于现场取出供、回油滤芯，进行目视检查，并分别在滤芯上部、中部和底部切片，放大 10 倍后检查，切片处未发现硬质颗粒物。再次对滤芯检查也未发现硬质颗粒，燃气轮机供、回油滤芯检查如图 1-39 所示。

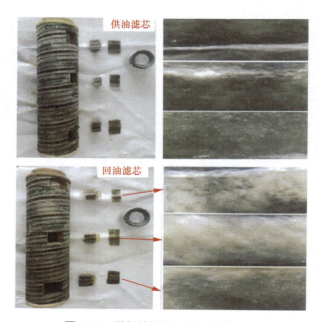

图 1-39　燃气轮机供、回油滤芯检查

4. 原因分析

　　燃气轮机运行过程中，轴承密封腔会从燃气轮机罩壳内引入密封空气。密封空气吸入口距离燃气轮机罩壳地面高度约 1.5m，满负荷运行吸入空气流量为 $3.5m^3/min$，吸力约 3000Pa。自燃气轮机压气机第 9 级引出的空气（压力约 2MPa）进入文丘里管，将罩壳内的密封空气吸入，二者混合后进入轴承密封腔，对润滑油腔进行密封，避免润滑油外溢。若罩壳内空气中含有硬质颗粒，会通过密封空气进入润滑油腔中；若罩壳外的燃气轮机进气系统安装质量不高，硬质颗粒也会通过压气机第 9 级后引气到润滑油腔中。4B 轴承位于引擎的高温区域，承受引擎不断变化的轴向推力，运行工况极为严酷。硬质颗粒存在通过油系统和空气系统进入轴承腔的可能。通过对空气系统和润滑油系统的排查，判断硬质颗粒可能自空气系统中引至轴承腔，并未进入供、回油过滤器中。

5. 暴露问题

　　燃气轮机轴承在硬质颗粒污染物的刮损作用下受损并产生碎屑，暴露出现场运行管理不足、燃气轮机轴承表面硬度不够，以及燃气轮机配套安装质量不高等问题。

6. 处理及防范措施

（1）为提高轴承的耐磨性能，避免上述事故的发生，美国通用公司于 2019 年初发布了 SB304 和 SB305 服务说明，要求对 LM2500 燃气轮机的 4B、5R 轴承进行渗氮硬化处理，以提高轴承滚珠与内外圈接触面的表面硬度，降低硬质颗粒进入润滑油腔后对轴承造成损伤破坏的可能性。上述改进措施，已在航空发动机中进行了应用验证。改进后，全球约 7700 台 CF6 航空发动机（LM2500 地面燃气轮机的航空发动机原型）运行过程中未再发现类似轴承故障。

（2）为进一步减少硬质颗粒物污染，在燃气轮机罩壳内可加装密封空气入口过滤器。

（3）加强运行维护管理，保持燃气轮机罩壳内的清洁卫生，从源头上杜绝硬质颗粒污染物进入燃气轮机轴承腔的可能。

（4）要求安装单位严格按照燃气轮机安装技术要求进行施工，并加强建设阶段和检修阶段的施工监管，确保燃气轮机及其配套设备的安装质量。

六、F 级燃气轮机透平单晶叶片断裂损坏整机

1. 设备概况

某公司 3/4 号联合循环机组为 F 级燃气–蒸汽联合循环发电机组，采用分轴布置，整套联合循环发电机组由一台燃气轮机、一台蒸汽轮机、两台发电机和一台余热锅炉及相关设备组成，于 2017 年 10 月通过 168 试运正式投产。燃气轮机为 9FB 型。

2. 事件经过

2019 年 8 月 5 日 07:01:00，3 号燃气轮机顺控启动；07:14:00，至清吹转速 705r/min；07:31:00，燃气轮机点火。07:41:30，燃气轮机保护动作跳闸，跳闸首出为 "LOSSOFFLAMETRIP"（火焰失去），燃气轮机 1、2 瓦振动大，转速显示为 0r/min。就地听到两次较大异音，随后振动逐渐恢复正常，异音消失，转子惰走（惰走时间约 24min，正常约 40min），盘车无法投入。

3. 检查情况

（1）停机后，检修人员采用内窥镜检查并进入燃气轮机扩压段人孔门内查看，发现燃气轮机扩压段人孔门后有金属破碎物，燃气轮机透平部件、压气机动静叶片、燃烧器、发电机部件（轴瓦、密封瓦等）、振动探头、测速探头等均有不同程度的损坏。

（2）1 号轴承油封、油挡磨损、损坏严重，需更换；1 号轴承、推力轴承因经历超高振动冲击，需返厂进行检查、修理，1 号轴承瓦块如图 1-40 所示，同时 1 号轴承左侧

顶轴油管断裂需更换。

图 1-40　1 号轴承瓦块

（3）2 号轴承座有移位迹象，同时压气机左右间隙严重差异，2 号轴承座位移如图 1-41 所示，2 号轴承座、透平排气缸轴承座支撑槽道需要检查处理，机组内缸需要找中处理，2 号轴承需重新定位。2 号轴承座的油封、瓦壳、挡油环存在受力损坏，2 号轴承座附件如图 1-42 所示，建议更换油封、油挡，2 号轴瓦返厂进行检查处理。

（4）发现压气机动叶均存在严重叶顶碰磨现象，后端动叶存在严重弯曲变形建议更换动叶，压气机动叶如图 1-43 所示；同时根据以往振动异常事件，转子在经历超高振动后会出现跳动超标现象，建议更换转子。压气机静叶均存在严重碰磨损伤情况，建议更换，压气机静叶如图 1-44 所示。

图 1-41　2 号轴承座位移

(a) 油封严重磨损　　　　(b) 瓦壳中分面有电流灼蚀现象　　　　(c) 挡油环防转销损坏

图 1-42　2 号轴承座附件

(a)前部动叶叶顶碰磨　　(b)R13 出气边叶根损坏　　(c)压气机后端动叶严重弯曲　　　(d)叶顶擦缸

图 1-43　压气机动叶

(a)压气机后部静叶严重弯曲、　　　　　(b)叶顶碰擦　　　　　　　(c)压气机前部静叶中度叶
　　叶根严重轴向碰磨　　　　　　　　　　　　　　　　　　　　　　　　顶碰擦

图 1-44　压气机静叶

（5）燃烧器部件总体良好，部分过渡段出口因透平部件异物打击出现损伤，个别过渡段有局部涂层损伤，部分喷嘴喷头气膜冷却板、个别燃料喷嘴喷头头部出现异物击伤痕迹，燃烧器部件如图 1-45 所示，建议使用新的燃烧部件备件，同时天然气软管应该根据厂商的 TIL1585 文件进行详细检查并进行打压试验。

图 1-45　燃烧器部件

（6）透平一、二、三级动叶、喷嘴、护环严重损坏，一喷固定螺栓多个损坏，一喷严重前移、一喷支撑环均有损伤，同时透平一、二、三级静叶损伤严重，因此透平九大件均需要更换。透平开缸观察情况如图 1-46 所示。

（7）透平排气缸因二次损伤造成严重损坏，特别是气流进口部分和部分支撑叶片，

图 1-46　透平开缸观察情况

多数需要进行整形修理，同时双层导气锥出现旋转，因此建议更换外流道内层前部圆形密封管，对透平排气缸进行打磨、探伤处理；对叶片上击透部分进行焊补处理。透平排气缸损坏情况如图 1-47 所示。

图 1-47　透平排气缸损坏情况

（8）透平因二次损伤造成燃气轮机结构不同程度的移位现象，检查中发现前支撑地脚垫片外移，因此需要进行全面的结构检查处理、机组找正处理。燃气轮机结构移位情况如图 1-48 所示。由于水泥基础也出现裂纹，建议进行基础检查。

图 1-48　燃气轮机结构移位情况

（9）其他发电机轴瓦也出现磨损情况，建议发电机由其生产厂商进行检查。

其他一些小的附属设备也可能不同程度出现损伤，建议在后续机组恢复中及时发现并更换。

4. 原因分析

（1）燃气轮机跳机保护动作原因：透平一级叶片断裂造成透平其他部分严重损伤，转速由 2933r/min 急速下降，压气机瞬间出现动静碰磨，此时燃烧室空燃比迅速改变，引起火检丢失，于 07:41:30.940 时火检 1、2、3 丢失，立即触发"LOSS OF FLAME TRIP（L28FDT_ALM—火焰丢失）"跳闸。

（2）透平叶片断裂原因：透平一级动叶为单晶叶片，由于设计原因存在冷却方面的缺陷，在历经 9800h、206 次启停过程后，出现叶片断裂。

5. 暴露问题

该燃气轮机型号为 9FB，透平一级动叶为单晶叶片，由于设计原因，原装一级动叶存在冷却方面的缺陷，根据 2018 年 9 月其原生产厂商公布的技术通告函 TIL1987-R2 显示：9FB 燃气轮机一级动叶在运行到约 15000h 时发生了叶片断裂事件，2015 年至今已有 3 台机组发生此类事件。因此通告建议在燃气轮机运行到达 12000h 时结合燃烧器检修更换透平一级动叶。至事件发生前，该燃气轮机在 9800h 内，经历了 206 次启停过程，启停频繁可能造成叶片寿命进一步缩短。

6. 处理及防范措施

（1）高度重视、积极主动探索对应用新工艺或新产品的机组性能跟踪，总结规律，及时发现异常。

（2）高度重视厂商发布的技术通告，特别是技术通告中提到的同类机组发生的重大设备故障，仔细研究比对通报中机组运行特点与本企业机组运行特点的共同点和差异，会同厂商、电科院等做好事故防范。

七、燃气轮机进气滤网差压高

1. 设备概况

某公司建有两套 E 级燃气-蒸汽联合循环发电机组，于 2008 年实现双投。燃气轮机型号为 SGT5-2000E（V94.2）。燃气轮机压气机进气滤网主要由除湿滤网、脉冲滤网、精滤三部分组成，主要作用是过滤掉空气中的灰尘或颗粒，防止其进入压气机而使叶片脏污、效率下降。同时，进气中的灰尘等微粒会对压气机叶片造成冲击性损害，影响机组安全性。当燃气轮机压气机进气滤网压差高时，一般说明燃气轮机压气机入口滤网堵塞，进气流量减小，燃烧及冷却空气量减少，造成燃气轮机燃烧效率、稳定性降低，不利于机组稳定运行。

2. 事件经过

2019 年 2 月 14 日 07:40:00，运行监视发现 1 号燃气轮机进气滤网压差数值随机组负荷上升而异常攀升，最高升至 1.24kPa（其中脉冲滤网压差数值也上升至 0.68kPa），燃气轮机进气滤网压差数值趋势如图 1-49 所示，接近燃气轮机滤网压差报警值 1.3kPa，判断为燃气轮机除湿滤网、脉冲滤网出现堵塞情况。向调度申请停机处理，2 月 14 日 23:02:00，1、2 号发电机（第一套联合循环发电机组）解列停机，2 月 15 日 9:00 完成 1 号燃气轮机滤网清理，16:00 1、2 号发电机组并网。

——压差；——脉冲滤网压差；——机组负荷

图 1-49　燃气轮机进气滤网压差数值趋势

3. 检查情况

根据就地更换燃气轮机滤网情况，燃气轮机大部分除湿滤网、部分脉冲滤网表面均出现不同程度的脏污，拆下的脏污的除湿滤网与干净的除湿滤网对比如图 1-50 所示，脉冲滤网细节对比如图 1-51、图 1-52 所示。

图 1-50　拆下的脏污的除湿滤网与干净的除湿滤网对比

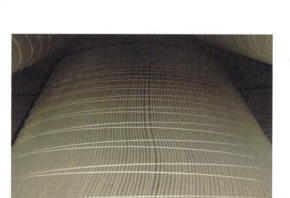

图 1-51　脏污的脉冲滤网

图 1-52　干净的脉冲滤网

4. 原因分析

1号燃气轮机除湿滤网、脉冲滤网于2018年9月更换,已经连续高负荷运行3个多月,机组负荷率较高,燃气轮机进气量大。事件发生当天及之前一段时间,当地出现雨雪天气,空气湿度较大,气温较低,使得空气中灰尘更易附着在进气滤网外层的除湿滤网和脉冲滤网上,造成滤网差压升高。在上述两方面原因共同作用下,除湿滤网、脉冲滤网压差升高,导致燃气轮机进气系统总压差升高。

5. 暴露问题

(1)事件中燃气轮机滤网采用国产产品,但通过与该公司使用过的国外滤网的运行经验相比,国产滤网整体使用寿命偏低。

(2)对雨雪天气、雾霾天气等对进气过滤系统运行稳定性的影响估计不足,防范措施及应急处置有待加强。

6. 处理及防范措施

(1)清理、更换除湿滤网和部分脉冲滤网。

(2)总结滤网性能变化规律和实际使用寿命情况,每年利用检修期尤其是在冬季供暖期和飞絮期前,对滤网进行清理或更换,保证机组冬季供热可靠性。

(3)制定针对性应急预案,冬季供暖期间和飞絮期间,进一步加强对燃气轮机滤网压差变化的跟踪,遇滤网堵塞引起压差升高情况,及时采取措施防范影响扩大。

(4)针对机组供热期长时间连续运行的特点,选择更适宜的滤网,在保证经济性的同时不影响运行可靠性。

八、燃气轮机透平润滑油系统滤芯破损

1. 设备概况

某公司建有3套60MW级燃气–蒸汽联合循环发电机组,燃气轮机型号为LM6000PF。燃气轮机透平合成润滑油系统(TLO)为燃气轮机轴承、传动齿轮箱的润滑、冷却和清洗提供适当压力和温度的清洁润滑油,同时给液压油系统提供动力油。TLO分为内部和外部润滑油系统两部分,内部润滑油系统包含轴承、轴承贮槽、油管线、泵、传动装置、传感器及其他组件,以保证燃气轮机的润滑与液压功能;外部润滑油系统提供清洁冷却的润滑油,由润滑油箱、油气分离器、供油过滤器、回油过滤器、润滑油冷却器、油槽清扫空气组件及各变送器等组成。

外部润滑油工作流程:润滑油泵工作将润滑油箱中油经进油总门抽入内部油系统,润滑油泵加压后的润滑油送至供油过滤器(压力平衡复式),经过滤的润滑油送回内部

润滑油系统起润滑、冷却作用，部分过滤后润滑油经液压过滤器（玻璃纤维）送入液压泵，加压后作为液压油系统用油。工作后的润滑油由回油泵排至回油过滤器（压力平衡复式），过滤后回油经冷却器冷却后送回润滑油箱完成循环。

2. 事件经过

2019 年 6 月 4 日，2 号机组正常运行，燃气轮机喷水模块投入运行。05:27:00，2 号燃气轮机运行中发出"CORE：TLUB OVERTMP ALM"报警信号，检查燃气轮机的汽轮机油系统发现润滑油压测点 PT6121 为 0.195MPa，温度测点 TE6128A/B 均为 81℃。05:28:00，2 号燃气轮机发"CORE:TGBC OVERTMP ALM"报警信号，温度测点 TE6186 升至 162℃，且有上升趋势，经调度同意后 2 号燃气轮机降负荷运行。05:30:00，退出 2 号燃气轮机 spring（喷水）运行，负荷降至 32.6MW，各相关参数维持稳定。09:30:00，经调度同意后开始降负荷停机。10:00，2 号燃气轮机解列。

14:20:00，2 号燃气轮机透平润滑油泵回油滤网清洗工作结束，向调度申请重新启动 2 号机组。15:20:00，2 号燃气轮机点火；15:48:00，2 号燃气轮机发电机与系统并网；16:17:00，2 号汽轮机冲转；16:47:00，汽轮机定速；16:49:00，2 号汽轮机发电机与系统并网。

3. 检查情况

（1）运行参数检查情况。调取历史参数，05:11:00，汽轮机油压力由 0.48MPa 降至 0.31MPa；05:27:00，汽轮机油压力降至 0.19MPa，温度测点 TE6128A/B 均为 81℃；05:28:00，温度测点 TE6186 升至 162℃，且有上升趋势。

（2）现场检查情况。现场检查透平润滑油系统供油、回油就地压力表，表计状态正常。对燃气轮机透平润滑油系统各滤网进行检查，发现回油滤网脏污，供油滤网未见明显异常，拆解后的回油滤网如图 1-53 所示，对回油滤网进行清洗，清洗后的回油滤网如图 1-54 所示。

图 1-53　拆解后的回油滤网　　　　　图 1-54　清洗后的回油滤网

从滤网清理出来的杂物材料来看，此物品为燃气轮机透平润滑油系统的回油滤网的滤芯材料。

4. 原因分析

回油滤网滤芯在运行中发生破损，部分滤芯材料脱落堵塞燃气轮机透平润滑油系统回油滤网，造成系统油量供应不足，进而油压下降、温度上升。

5. 暴露问题

燃气轮机透平润滑油系统滤芯质量不过关。

6. 处理及防范措施

（1）对滤网进行清洗后回装。

（2）加强对滤芯等耗材的入厂质量验收。

（3）加强燃气轮机油质化验，及时发现油质中杂质。

（4）加强对燃气轮机透平润滑油温度、压力等参数监盘，发现异常及时查找原因并处理。

九、润滑油系统压力调节阀故障

1. 设备概况

某公司建有两套 FT8-3 燃气–蒸汽联合循环发电机组，联合循环时发电出力约可达78MW，于 2009 年实现"双投"。燃气轮机采用 FT8-3 SwiftPac 双联燃气轮机发电机组（60MW）。FT8 双联机组由两台 FT8 燃气轮机和一台发电机及相应的辅助系统组成，采用二拖一的方式，即两台燃气轮机带一台发电机。连到发电机副励磁机端的燃气轮机称为"A"机，连到发电机主励磁机端的燃气轮机称为"B"机。燃气轮机可双台运行、单台运行另一台风车或单台运行另一台脱开联轴器等方式运行。每台 FT8 燃气轮机由一台燃气发生器（GG）和一台动力涡轮（PT）组成。

燃气轮机各系统包括 GG/PT/GEN 滑油系统、液压系统、液压起动系统、气体燃料系统、注水系统、进气系统、放气系统、发动机加热干燥系统、轴承冷却系统、推力平衡系统（PTTB）、水洗系统、防火保护系统、直流电源系统、电动机控制中心（MCC）、机组控制系统、振动保护系统、超速保护系统等。

燃气轮机润滑油系统为 GG 轴承、附件传动装置、PT 轴承的润滑、冷却和清洗提供适当压力和温度的清洁润滑油，同时给 GG 液压油系统提供润滑油。位于 GG 主附件齿轮箱上的主油泵从润滑油箱吸取润滑油并加压，经过位于主附件齿轮箱上的主油滤、外置的双联滤、调压阀（内部）、单向阀后供给 GG 各轴承和 GG 液压系统，GG 润滑油压力通过外部安装的压力调节阀（PDCV602）调节。

2．事件经过

2018 年 11 月 9 日，巡检人员发现 1 号机组 1B 燃气轮机的燃气发生器润滑油压力调节阀 PDCV602 渗漏。为避免因润滑油泄漏造成更严重的后果，经调度同意，运行人员手动停 1A、1B 燃气轮机，并对故障压力调节阀进行整体更换，同时对润滑油系统的相关法兰、阀门、管道等进行检查，带转燃气轮机试运后无泄漏，随后恢复 1 号燃气轮机备用。

3．检查情况

（1）查看运行参数。现场调取机组启机、带负荷、停机过程中各关键参数的变化曲线并进行分析，分析发现在压力调节阀 PDCV602 发现渗漏后，阀后的供油压力及 GG 回油压力并未发生明显变化。06:10:00，在巡检人员发现泄漏时，1B 燃气轮机负荷为 20MW，压力调节阀后压力为 0.36MPa，润滑油回油压力为 0.09MPa，通过与机组早期的运行数据进行对比，各参数数值正常。因泄漏量小，并且发现和处理及时，未对机组运行造成较大影响。

（2）现场设备检查情况。PDCV602 属于薄膜式压力调节阀，1B 燃气轮机阀门结构如图 1-55 所示，图中左边为安全阀，右边为压力调节阀。

对压力调节阀进行检查后发现压力调节阀膜片部位已经发生变形（变形部位如图 1-56 红圈所示），导致机组在运行状态下润滑油从上下端盖连接的法兰处渗出。因巡检人员及早发现，就地检查发现泄漏的油量较少。

 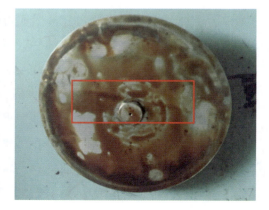

图 1-55　1B 燃气轮机阀门结构　　　　图 1-56　润滑油压力调节阀膜片

4．原因分析

由于压力调节阀膜片变形，机组润滑油渗漏，为避免造成更严重后果，经调度同意后运行人员手动停 1A、1B 燃气轮机。

润滑油压力调节阀 PDCV602 主要依靠流体作用于膜片的力和弹簧力相互作用保持阀后压力恒定，膜片由不锈钢加工而成，由于其频繁承受流体的反复冲压，反复进行拱曲、复位动作，反复作用力的次数达到其疲劳极限后，容易导致膜片塑性变形甚至损坏，这是该类型压力调节阀较为常见的故障。由于 1 号燃气轮机日常运行中启停较为频繁，每次启停润滑油均会对膜片造成冲击，间接加速了膜片的老化失效。同时，润滑油泵出口压力波动、安全阀整定压力高、润滑油油质差、阀杆弯曲等因素均可能导致膜片使用寿命缩短。

5. 暴露问题

燃气轮机辅助系统中各类阀门的可靠性及维护水平有待进一步提高，燃气轮机辅助系统较多，润滑油、液压油、燃气等系统中均有较多数量的隔离阀、控制阀、调节阀等，各类型阀门能否稳定、高效工作对燃气轮机有重要影响，阀门中的密封圈、膜片、阀杆、填料、位置变送器等均可能出现失效或破损，导致阀门动作失灵。

6. 处理及防范措施

（1）对故障的压力调节阀进行整体更换，同时对润滑油系统的相关法兰、阀门、管道等进行检查，试运燃气轮机检查有无泄漏。

（2）利用燃气轮机年检机会，定期检查试验润滑油压力调节阀，及时检查更换润滑油滤芯，避免润滑油压力出现波动。

（3）同厂家加强沟通，大致掌握密封圈、膜片等易损耗部件的使用寿命及更换周期，合理制定阀门的检修时间间隔。

（4）加强日常巡检工作，提前发现问题，防患未然。对于气动、液动隔膜阀等不易通过点检工作发现泄漏的阀门，可借助机组检修进行解体检查。

（5）对易损耗部件，建立健全备品备件库，当相关部件失效损坏后，能够及时进行更换，尽量减小其对电厂正常生产的影响。建立健全备品备件更换记录，总结在特定工作环境下的使用寿命规律，实现精细化检修维护。

十、燃气轮机透平叶片开裂损坏

1. 设备概况

某公司燃气轮机型号为 SGT5-4000F（9），燃气轮机压气机和透平同轴布置，适合驱动发电机在基本负荷和尖峰负荷下运行。燃气轮机由一台 15 级的轴流式压气机、24 个低 NO_x 燃烧器组成的环形燃烧系统、一台 4 级的透平和燃气轮机辅助系统组成。压气机和透平为多级轴流设计，压气机共 15 级，透平 4 级，燃烧室为环形结构，逆时针布置，内置陶瓷遮热板，整个机组及燃料控制阀组件布置在燃气轮机罩壳内。

2. 事件经过

2021 年 12 月 16—18 日，对 4 号燃气轮机叶片检查时首次发现 4 级动叶 11、33 号和 37 号叶片顶部内外侧存在线状裂纹，此时 4 号燃气轮机运行时间 9050h，等效运行小时数 11835EOH，启停 222 次。

2022 年 5 月 21 日—6 月 7 日，进行小修作业，此时 4 号燃气轮机运行时间 9649h，等效运行小时数 13303EOH，启停 303 次，检修过程中又发现 4 号燃气轮机的 4 级动叶中 4 号叶片顶部内外侧存在线状裂纹，上次发现的 11、33 号和 37 号叶片裂纹未见明显变化。

2023 年 3 月 28—30 日，再次对 4 号燃气轮机热通道进行现场检查，技术人员开展现场检查情况如图 1-57 所示。

图 1-57　技术人员开展现场检查情况

3. 检查情况

机组停机后开展检查维护工作，对燃气轮机本体进行内窥镜检查，发现多项异常问题：

（1）第一级动叶中一片叶片存在热障涂层损失、保护涂层氧化，以及基材可能存在氧化、开裂的问题，透平第一级动叶热障涂层脱落如图 1-58 所示。

（2）第一级持环存在部分热障涂层磨损、基材氧化潜在开裂的问题，同时存在潜在配合面区域开裂和氧化隐患，透平第一级持环磨损如图 1-59 所示。

图 1-58　透平第一级动叶热障涂层脱落

图 1-59　透平第一级持环磨损

（3）第三级动叶叶片尖端破损。

（4）第三级动叶存在叶片开裂和部分叶片脱落隐患，透平第三级动叶破损如图 1-60 所示。

（5）第四级动叶中四片叶片（4、11、33、37 号）顶部存在可见的轴向裂纹，第四级动叶其他叶片存在潜在细小开裂的隐患，透平第四级动叶裂纹如图 1-61 所示。

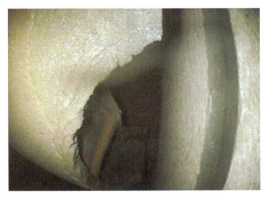
图 1-60　透平第三级动叶破损

图 1-61　透平第四级动叶裂纹

4. 原因分析

（1）可能因制造工艺原因导致热障涂层结合异常，致使第一级动叶热障涂层脱落，进而引起保护涂层氧化以及基材可能存在氧化、开裂的问题。

（2）因第一级动叶叶顶间隙过小，在稳态启动时，可能因外壳的瞬态变形，引起叶片与持环的动静碰摩。

（3）因第三级动叶叶顶间隙过小以及投入透平液压间隙优化系统（HCO）过程中可能存在的转子快速轴向运动问题，引起动静碰摩，导致叶片破损。

（4）因第三级叶片孔隙高于预期，导致材料性能下降。在启动过程中三级叶片所受的激励，导致启动过程中有较高的负荷。第三级动叶有限的循环鲁棒性，可能导致叶片开裂以及部分叶片脱落。

5. 暴露问题

暴露出检修管理存在问题，对机组重要部件质量状态掌握不够，缺乏相应的跟踪性检查，对可能存在的质量隐患没有防范手段。

6. 处理及防范措施

（1）在 4 号燃气轮机最后一次检查（2023 年 3 月 30 日）结束后，建议机组启停不超 50 次，直至安装新的 1 级动叶片，新叶片采用新型分段式热障涂层系统。

（2）更换 1 级持环 20 片，调整 1 级动叶与 1 级持环环段之间的间隙，新型持环增强了配合面冷却。

（3）更换全部 55 片 3 级动叶，调整 3 级动叶尖端间隙，安装轴向转子固定装置。

（4）检查 4 级动叶 4 片叶片裂纹情况，根据叶片到货情况，更换新型叶片。

（5）对于 SGT5-4000F 型燃气轮机，建议中修时关注叶顶间隙，留有足够的安全裕度，避免动静碰磨造成叶片损伤。

（6）对于 SGT5-4000F 型燃气轮机，建议中修时加强动叶热障涂层的检查，以免因热障涂层脱落造成叶片损伤，根据内窥镜检查情况，并结合厂家建议，适时更换新型叶片。

十一、燃气轮机中机匣、透平叶片裂纹缺陷

1. 设备概况

某公司燃气轮机采用 LM2500+G4 航改机，由燃气发生器（GG）和动力涡轮（PT）、发电机及相应的辅助系统和控制系统组成，采用一台燃气轮机带一台发电机。燃气轮机为双轴设计，燃气发生器（GG）与动力涡轮（PT）分离，靠空气动力耦合传动。

2. 事件经过

2023 年 3 月机组中修工作期间，发现动力涡轮（PT）一级叶片、燃气轮机中机匣（TMF）、压气机后支撑（CRF）隔板等部件存在损伤、裂纹等情况。

3. 检查情况

（1）动力涡轮（PT）一级叶片检查。检查发现 90 片动力涡轮一级叶片存在机械损伤，其中 10 片损伤程度超出安全使用范围，发现 3mm 左右裂纹，不能继续使用，现场未找到可疑打击物。PT 一级动叶损伤情况如图 1-62 所示。

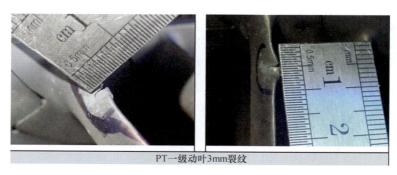

PT一级动叶3mm裂纹

图 1-62　PT 一级动叶损伤情况

（2）燃气轮机中机匣（TMF）检查。检查发现燃气轮机中机匣存在多处裂纹，TMF最严重处裂纹如图1-63所示。2022年3月9日机组检修后运行正常；8月14日发现TMF出现一处裂纹；8月28日裂纹增加到5处；10月，裂纹增加到8处。

图1-63　TMF最严重处裂纹

（3）压气机后支撑（CRF）隔板检查。压气机后支撑隔板破损较严重，但未找到破损碎片。新旧CRF隔板对比如图1-64所示。

（4）翻新高压透平一级静叶（S1N）检查。现场发现部分翻新高压透平一级静叶（S1N）外观质量差，无验收方案。高压透平一级静叶（S1N）如图1-65所示。

图1-64　新旧CRF隔板对比

图1-65　高压透平一级静叶（S1N）

4. 原因分析

（1）动力涡轮（PT）一级叶片存在明显机械损伤，怀疑为异物打击所致，目前未找到可疑的打击物，对受损叶片状态进行评估，认为其中10片叶片已不能使用。

（2）燃气轮机中机匣（TMF）不是易损件，目前仅在该机组发生裂纹缺陷，且频繁发生。

（3）压气机后支撑（CRF）隔板破损严重，从部件安装位置和破损状态分析，破裂碎片不应散落到系统其他位置，但目前未找到碎片，怀疑该隔板存在缺陷。

（4）部分翻新高压透平一级静叶（S1N）外观质量差，且现场无验收手段，叶片可能存在质量隐患。

5. 暴露问题

暴露出检修管理不规范，机组备品配件无验收方案，对可能存在的质量隐患没有防范手段。

6. 处理及防范措施

（1）更换机组受损部件。

（2）制订翻新部件现场验收方案。

（3）坚持"四不放过"原则，对设备存在的问题进行详细分析，并制订切实可行的防范措施。

（4）对于 LM2500+G4 型航改机组，低负荷工况下 BC/2 燃烧模式的 T48 分散度较大，将使 TMF 机匣承受较大的热应力。同时，BC/2 和 BC 燃烧模式的频繁切换也会使 TMF 机匣产生低周疲劳，建议尽量避免在 BC/2 燃烧模式下长时间运行，低负荷运行可采用 T48 分散度较低的 BC 燃烧模式，同时应严格按照制造厂家维护手册要求进行机组的定期孔探和水洗工作，加强运行中对 T48 温度和分散度的监视，做好机组的日常维护。

十二、燃气轮机压气机入口导叶油动机螺栓断裂

1. 设备概况

某公司采用的是 PG9171E 型燃气轮机，燃气轮机由一个启动电动机、一个 17 级的轴流式压气机、一个由 14 个分管式燃烧室组成的燃烧系统、一个 3 级透平转子组成。轴流式压气机转子和透平转子由法兰连接，并有 3 个支撑轴承。环境空气通过进气系统过滤后吸入压气机，经压气机压缩后进入燃烧室，在燃烧室内与被处理过的天然气混合、燃烧，产生高温高压的气体进入透平做功，透平中产生能量的 2/3 用于驱动压气机，其余 1/3 能量用于驱动燃气轮机发电机。燃气轮机主要技术参数见表 1-1。

表 1-1 　　　　　　　　　　　燃气轮机主要参数

项目	参数 / 描述
型号	PG9171E
型式	重型
功率	127.6MW
进气温度	15℃
额定转速	3000r/min
转动方向	逆时针（顺气流方向）
控制方式	Mark VIe 数字式控制系统
压气机	1～17，共 17 级
燃烧控制	DLN1
燃烧室	14 个
透平	3 级
透平排气温度	544.6℃

2. 事件经过

10月30日，1号联合循环发电机组运行，1号燃气轮机负荷85MW，2号汽轮机负荷26MW。机组投入自动发电控制（AGC）控制方式，AGC指令107MW，压气机入口导叶（IGV）开度61°，液压油压力11.03MPa左右，2号汽轮机抽汽供热流量129t/h，无其他运行操作。09:30:00运行人员发现燃气轮机负荷随AGC变动时IGV开度维持在61°不变。联系设备部检查，就地检查发现1号燃气轮机IGV油动机与底座脱开，IGV无法动作，负荷无法调节，且燃气轮机舱内油烟较多，需立即停机处理，汇报省调同意后09:45:00机组停机。

3. 检查情况

油动机示意图及断裂的螺栓如图1-66所示。油动机本体与底座通过四根螺栓连接、底座与固定托板通过两根螺栓连接、固定托板与进出油模块通过四根螺栓连接、进出油模块水平方向仅通过一根螺栓与油动机固定（1/2-159，35CrMo）。现场检查1号燃气轮机IGV油动机与底座连接4个螺栓断裂，油动机与进出油模块连接1个螺栓断裂。螺栓断裂后拆卸过程中，检修人员发现油动机本体与底座连接的四根螺栓中有一个不是原装螺栓。

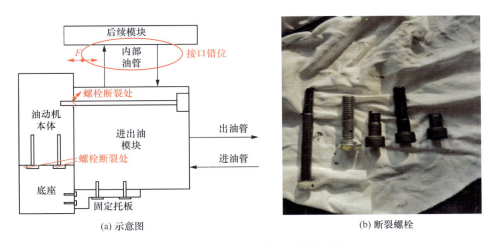

(a) 示意图　　　　　　　　　　(b) 断裂螺栓

图1-66　油动机示意图及断裂的螺栓

4. 原因分析

该机组于2023年1月进行了大修，大修过程中由外委队伍负责油动机的解体与回装工作，回装过程中误将一根普通镀锌螺栓当成原装高强螺栓进行回装。大修开机后IGV在运行中随负荷不断动作，非原装螺栓由于强度较差长期处于交变应力作用下，最终疲劳断裂，剩余3个螺栓负荷加大，最终也全部断裂，油动机本体上移导致与进出油模块结合面处螺栓切断，当该螺栓断裂后，进出油模块与油动机本体产生位置偏移，进出油模块垂直方向油管脱开，造成油动机不动作。

5. 暴露问题

（1）检修现场管理不规范，机组现场备品配件摆放管理混乱，检修配件丢失未及时发现。

（2）外委队伍管理不规范，检修质量验收把关不到位。

6. 处理及防范措施

（1）将 3 号燃气轮机 IGV 油动机先移至 1 号燃气轮机进行更换，油动机回装后，对 IGV 装置进行全行程校验；10 月 31 日 03:12:00 重新启动 1 号燃气轮机。

（2）检修现场管理不规范，机组现场备品配件摆放管理混乱，原装高强度螺栓检修过程中丢失，应进一步规范检修现场定制管理图的编写与备品配件的摆放工作。

（3）外委队伍管理及检修质量验收把关不到位，外委队伍在回装过程中未及时发现螺栓丢失并上报，换装普通镀锌螺栓后，质检验收未能及时发现，需进一步强化检修质量验收。

十三、燃气轮机压气机叶片损坏

1. 设备概况

某公司燃气轮机型号为 SGT5-4000F，压气机和透平为多级轴流设计，压气机共 15 级，压气机入口导叶（IGV）可调，透平为 4 级，24 个环形燃烧室呈逆时针布置，内置陶瓷遮热板，燃烧室配置 2 个火焰探测器，监视燃烧情况，燃气轮机的主要技术参数见表 1-2，燃气轮机剖面图如图 1-67 所示。

表 1-2　　　　　　　　　　燃气轮机主要技术参数

项目	参数／描述
型号	SGT5-4000F
型式	重载，单转子双轴承，快装式发电机组
额定功率	294.2MW（ISO）/266.5MW（夏）/300.1MW（冬）
热耗率	9164kJ（kWh）/9317kJ（kWh）/9119kJ（kWh）
总效率	39.29%/38.64%/39.48%
额定转速	3000r/min
旋转方向	逆时针（顺气流方向）
使用燃料	天然气
本厂编号	6
制造厂编号	C680-05-11

2. 事件经过

2023 年 3 月机组中修工作期间发现压气机多级静叶损坏严重，威胁机组安全运行。

3. 检查情况

6 号燃气轮机中修工作期间，在测量压气机通流数据时，检查发现压气机第 7 级静叶第 40 号叶片叶顶断裂，第 7 级静叶环内环向第 6 级动叶侧产生明显位移，根据制造厂建议，对压气机进行全面检查，发现压气机第 7 ～ 10 级静叶叶顶处损坏严重，第 12 级静叶两个扇形弧段叶片叶顶也损坏严重。

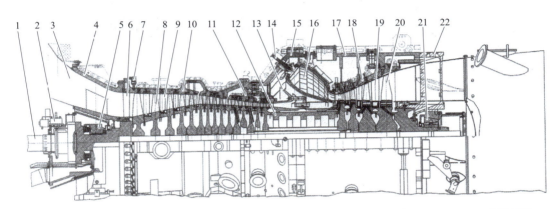

1—中间轴；2—液压盘车装置；3—进气道；4—压气机轴承箱；5—径向推力联合轴承；6—IGV；7—调整系统；
8—压气机动叶；9—压气机静叶；10—静叶持环Ⅰ；11—静叶持环Ⅱ；12—转子；13—压气机排气扩压器；
14—燃烧器组件；15—外缸2；16—燃烧室；17—外缸3；18—燃烧透平静叶组件；
19—燃气透平静叶；20—燃气透平动叶；21—燃气透平轴承；22—排气缸

图 1-67　燃气轮机剖面图

具体检查情况如下：

3 月 18 日，6 号燃气轮机现场开始解体。

3 月 25 日，6 号燃气轮机各上半外缸解体、吊出后进行开缸检查，发现压气机第 7 级静叶第 40 号叶片叶顶断裂，第 7 级静叶环内环向第 6 级动叶侧产生明显位移，严重威胁机组安全运行。压气机第 7 级静叶开缸检查情况如图 1-68 所示。

3 月 27 日晚，根据压气机第 7 级静叶异常断裂和叶片检查情况，决定抽出第 7 级静叶下半和解体压气机 2 号持环上半（位于压气机外缸内部），扩大检查范围。

4 月 4 日，检查抽出的静叶环，发现第 7 级静叶下半右侧叶片的叶顶多片断裂，压气机 2 号持环上半静叶多级叶片与十字密封插片损坏严重，多片叶片间隙异常松动。经确认需吊出燃气轮机转子，解体压气机 2 号持环下半，扩大检查范围，对下半缸压气机静叶进行检查。

4 月 9 日，吊出燃气轮机转子后，检查下半缸压气机叶片，并对第 7 ～ 10 级、12

图 1-68　压气机第 7 级静叶开缸检查情况

级静叶环进行解体，发现静叶叶顶 T 形钩与内环间隙超标，T 形钩损坏严重，压气机静叶叶顶与内持环无法有效固定，一旦持环内部分叶片的叶顶磨断，持环失去约束，在气流作用力下撞击转子压气机动叶，严重威胁机组安全运行。磨损最严重的第 7 级，轴向与动叶最小轴向间隙仅为 2.8mm，远低于标准值的 4.6mm。6 号燃气轮机压气机静叶检查情况见表 1-3，第 7 ~ 10 级、12 级静叶检查情况如图 1-69 ~ 图 1-73 所示。

表 1-3　　　　　　　　　　6 号燃气轮机压气机静叶检查情况

级数	每级叶片数量	弧段数量	解体检查情况	严重磨损数量	磨损情况
7	79	4	叶顶间隙测量，滑出持环，持环解体测量	40	第 40 号叶片断裂，39 片叶顶 T 形钩减薄至 2 ~ 5mm（正常约 8.5mm）
8	75	4	叶顶间隙测量，滑出持环，持环解体测量	68	68 片叶顶 T 形钩减薄至 2 ~ 6mm（正常约 9mm）
9	81	4	叶顶间隙测量，滑出持环，持环解体测量	50	50 片叶顶 T 形钩减薄至 2 ~ 3mm（正常约 9mm）
10	77	4	叶顶间隙测量，滑出持环，持环解体测量	58	58 片叶顶 T 形钩减薄至 2 ~ 4mm（正常约 8.5mm）
12	69	6	叶顶间隙测量，滑出持环，持环解体测量	21	20 片叶顶 T 形钩减薄至 2 ~ 3mm（正常约 9mm）

图 1-69　第 7 级静叶第 40 号叶顶断裂

图 1-70　第 8 级静叶叶顶异常

图 1-71　第 9 级静叶　　　　图 1-72　第 10 级静叶　　　　图 1-73　第 12 级静叶
　　　　叶顶异常　　　　　　　　　　叶顶异常　　　　　　　　　　叶顶异常

4. 原因分析

　　6 号机组燃气轮机压气机静叶环由静叶、内环、外环组成，压气机静叶布置如图 1-74 所示。安装过程为先将压气机静叶安装到外环上，然后安装静叶内环，之后对静叶叶顶两侧进行冲铆固定。压气机静叶是通过燕尾型叶根固定在外环上，叶顶通过 T 形钩连接在内环上，形成了一个密封叶顶，静叶装配方式如图 1-75 所示。

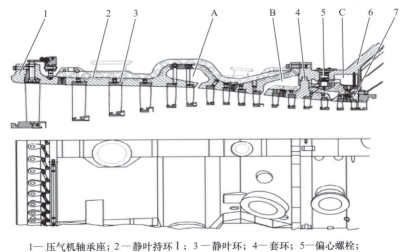

1—压气机轴承座；2—静叶持环Ⅰ；3—静叶环；4—套环；5—偏心螺栓；
6—2号缸；7—静叶持环Ⅱ；A—抽气区Ⅰ；B—抽气区Ⅱ；C—抽气区Ⅲ

图 1-74　压气机静叶布置

燃气轮机压气机第 7 ～ 10 级、12 级静叶 T 形钩减薄如此严重的情况比较罕见，分析压气机静叶叶顶发生异常磨损减薄进而发生叶片 T 形钩断裂，且静叶环内环向进气侧窜动移位的原因如下：

（1）叶片断裂原因。燃气轮机压气机叶片因震颤造成叶顶 T 形钩轴向定位凸缘失效，叶片约束减少，进而造成叶片松动 T 形钩损坏加剧，随着 T 形钩减薄超过一定值，叶片约束进一步减少，其振动频率及振型均偏离设计工况，长期的非设计工况的运行造成叶片在其受力集中部位出现疲劳损伤，最终造成叶片断裂。且随着静叶环内环约束减少，导致压气机静叶环向进气侧移位，压气机进气侧轴向间隙减小至 2.8mm。

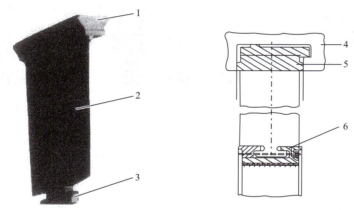

1—燕尾形叶根；2—翼面（叶型）；3—T 形钩；4—静叶持环；5—外环；6—内环

图 1-75　压气机静叶装配方式

（2）磨损原因。燃气轮机压气机静叶磨损原因，制造厂在静叶与内环安装后，测量叶片与内环单侧间隙（叶片厚度方向）小于 0.50mm，开始进行叶顶处冲铆。冲铆采用人工冲铆，且冲铆后紧固程度无法准确判断，一般采用目视检查及声检测。机组在运行过程中，当静叶冲铆紧力不足时，经过长时间机组运行，T 形钩更容易发生微动磨损，随着磨损的增加叶片 T 形钩处间隙逐渐增加，磨损速度会加快。

（3）磨损异常原因。6 号燃气轮机压气机叶片磨损减薄过大存在明显异常，可能存在如下原因：

1）静叶环在装配时间隙偏大，当叶片装配间隙过大时，导致冲铆时紧固程度下降，叶顶接触面积偏小，导致使用寿命缩短。

2）叶顶冲铆质量不良，叶顶固定通过冲铆静叶内环，使内环发生变形，将静叶叶顶夹紧，采用人工冲铆，当冲铆工艺不良时，会使内环变形量不足，叶顶接触面积偏小，导致叶顶紧力不足，使用寿命缩短。

3）受九级抽气影响，燃气轮机抽气口区域流场混乱，可能导致周边区域叶片存在局部失速等情况，造成叶片叶顶磨损。

4）受机组频繁启停影响，当叶片冲铆质量不好，且机组频繁启停时，压气机内叶片受力频繁变化，导致压气机静叶叶顶损坏。

5. 暴露问题

（1）检修过程管理和验收管理不到位。压气机静叶叶顶冲铆质量不良，内环变形量不足，叶顶接触面积偏小。

（2）静叶环在装配时间隙偏大，使用寿命缩短。

6. 处理及防范措施

（1）新静叶内环的叶片安装槽，将叶片预留单边 0.5mm 的安装间隙改为单边 0.45mm，约束叶片两侧移动间隙。

（2）因压气机对第 7 ～ 10 级静叶叶顶及内环磨损减薄严重，且数量非常多，已无法修复，需整体更换整圈静叶环（包括外环、叶片、内环）。第 12 级静叶有两个弧段叶顶损坏较严重，需更换 21 片叶片，对内环进行修复，需更换的压气机静叶数量见表 1-4。

表 1-4　　　　　　　　　　　　需更换的压气机静叶数量

序号	设备名称	图号	整套数量	采购数量	备注
1	压气机静叶第 7 级	SGC0000119230	79	79（含内、外环）	整圈更换
2	压气机静叶第 8 级	SGC0000119240	75	75（含内、外环）	整圈更换
3	压气机静叶第 9 级	SGC0000119250	81	81（含内、外环）	整圈更换
4	压气机静叶第 10 级	SGC0000126560	77	77（含内、外环）	整圈更换
5	压气机静叶第 12 级	SGC0000126770	69	21	按实更换
	总计		381	333	

（3）内窥镜检查时，对可见的叶片叶顶位置进行重点关注。

（4）对于 SGT5-4000F 型燃气轮机，建议中修时增加压气机检查项目，以免压气机叶片发生断裂，造成重大安全事故，并根据内窥镜检查情况，适当准备压气机静叶环备件。

十四、燃气轮机透平末级叶片断裂

1. 设备概况

某公司 8 号机组为一拖一单轴布置的燃气-蒸汽联合循环发电机组，装机容量为 415MW。燃气轮机、蒸汽轮机和发电机刚性地串联在一根长轴上，燃气轮机进气端输出功率，轴配置形式为 GT（燃气轮机）-ST（汽轮机）-GEN（发电机）。

燃气轮机型号为 PG9351FA，由一个 18 级的轴流式压气机、18 个低 NO_x 燃烧器和一个三级透平组成。

2. 事件经过

2022 年 10 月 16 日，8 号机组正常运行，负荷 370MW。00:00:43，MARK Ⅵe 控制系统发出跳机信号"SPEED DEVIATION ABOVE LIMIT-TRIP"（转速探头偏差超限遮断），机组跳闸。

3. 检查情况

（1）历史趋势检查。检查机组历史曲线及报警发现，10 月 16 日 00:00:42，8 号燃气轮机 1X、1Y、2X、2Y、3X、3Y 振动值飞速上升至 2.15、2.34、1.1、0.98、1.86、0.56mm（保护定值皆为 0.23mm，延时 1s 跳机），判断振动超限为跳机直接原因，且压气机排气压力从 1.40MPa 跌至 0.34MPa，燃气轮机排烟温度（TTXM）升至 771℃。结合现场运行人员描述"跳机瞬间现场靠近燃气轮机处有较大异响"等情况，初步怀疑燃气轮机透平或压气机动静部件间发生碰磨，引起机组振动。

（2）现场设备检查。现场检查发现燃气轮机各部分有不同程度的损伤，其中三级动叶断裂，三级静叶及复环损伤严重，二级动叶进气侧有麻点，一级复环耐磨涂层丢失严重且有移位现象，排气缸存在严重物理击打损伤，压气机叶片有刮擦现象。具体检查情况如下：

10 月 16 日，异常停机发生后，第一时间打开压气机进口位置人孔门，目视检查压气机 IGV、R0、S0，未发现异常。

10 月 16 日，因燃气轮机轮间温度过高，不具备停盘车逐片检查叶片的条件，在孔探口初步孔探检查压气机 R1～R6，未发现有明显打击痕迹。同时，检查部分压气机 S1～S6，未发现有明显打击痕迹。检查发现 2 个转速保护探头、1 个转速控制探头、1Y 轴振探头故障（跳机发生前信号正常，振动大跳机后信号故障）。

10 月 17 日，从燃气轮机排气扩散段人孔门进入透平检查，发现透平第三级动叶断裂，第三级静叶及复环损坏，需对燃气轮机进行揭缸拆除，进一步评估损伤情况。

10 月 30 日，完成燃气轮机的转子拆除工作，现场检查发现燃气轮机各部位有不同程度损伤，燃气轮机各部件损伤情况如下：

1）透平部分。三级动叶断裂，三级静叶、三级复环损坏严重，均报废，具体情况如图 1-76、图 1-77 所示。

图 1-76　透平第三级动叶断裂情况

图 1-77　透平第三级静叶和复环损伤严重

　　二级动叶进气边存在大量金属麻点，应是金属碎末撞击产生，二级静叶进气边有沉积物附着，并有细小裂纹，如图 1-78 所示，二级复环蜂窝密封存在缺失现象；一级动叶与一级复环擦痕明显，部分复环涂层脱落严重，如图 1-79 所示，一级静叶未发现明显异常。

图 1-78　透平第二级动叶进气侧麻点和第二级静叶细小裂纹

图 1-79　透平第一级复环耐磨涂层丢失严重且有移位现象

　　燃气轮机排气缸被叶片断件高速撞击，破损严重，需焊补处理，如图 1-80 所示。排气锥形壳体逆时针旋转 270°。

图 1-80　排气缸物理击伤

　　2）压气机部分。压气机叶片存在动静刮擦痕迹，IGV 内侧衬套径向位移，IGV 齿轮被油污污染，部分啮合间隙为 0。

　　3）燃烧室部分。燃烧室部件涂层颜色异常，无其他严重性损伤。

　　4）轴系。轴颈无严重损伤；轴瓦目视正常，浮动油环防转销损坏，汽封磨损严重。

　　5）管道。天然气环管支架安装不正确，已经出现裂纹，部分已经脱落。防喘放气阀（CBV）膨胀节拉杆螺栓脱开。

　　6）燃气轮机基础。燃气轮机后支腿基础有裂纹；燃气轮机前支腿中间销移位旋转，底部垫片移位。

7）其他。GT-ST 连接杆螺栓松动，焊点有开裂现象，如图 1-81 所示；转速探头与转子之间严重磨损，探头损坏，如图 1-82 所示。

图 1-81　膨胀节拉杆螺栓脱扣和燃气轮机底部垫片移位

图 1-82　转速探头碰摩轮盘且探头损坏

4. 原因分析

通过对机组运行操作、检修维护和现场叶片断裂情况检查分析，结合厂家出具的材料分析报告，初步分析三级动叶 70 号叶片应为首断件，断裂起始于出气边，并向进气边扩展，随后叶片过载快速断裂。

（1）三级动叶断面分析。对三级动叶 70 号叶片进行断面材质分析，叶片断面呈现明显两种颜色，叶片距出气边 10mm 内的断裂面最暗且呈现岩石状（见图 1-83），断裂从出气边向进气边扩展，扩展区约为叶片横向尺寸的 40%，瞬断区约为叶片横向尺寸的 60%（见图 1-84）。叶片金相及断口扫描电镜分析显示，裂纹源区靠近断口位置呈现沿晶开裂特征，并且扩展区叶片边缘存在合金贫化层（见图 1-85、图 1-86）。

图 1-83　三级动叶 70 号叶片断面材质分析

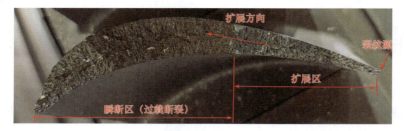

图 1-84　断裂面分区情况

图 1-85　裂纹源区扫描电镜分析特征

图 1-86　扩展区扫描电镜分析特征

断面分析显示 70 号叶片应为首断件，断裂起始于出气边，并向进气边扩展，随后叶片过载快速断裂。其余抽样分析的叶片未发现异常。

（2）其他部件损伤原因。三级动叶断裂过程中，其他部件也存在不同程度损伤，其中二级动叶进气边因金属碎末撞击而存在大量金属麻点；排气缸受到三级动叶断件高速撞击，缸体破损严重；一级动叶和一级复环由于三级动叶断裂时机组振动异常而发生动静碰磨，导致复环热障涂层脱落严重；机组振动异常也使燃气轮机轴瓦、汽轮机汽封以及部分振动探头受损严重。

5. 暴露问题

检修验收工作不到位。检修过程中新换透平叶片的质量监督和验收未及时发现问题。

6. 处理及防范措施

（1）对三级动静叶及复环进行更换，对排气缸、透平转子轮盘、压气机叶片进行打磨修复，对一级复环进行更换。

（2）对轴瓦进行无损探伤（NDT）检查，对 2 号轴承座及轴承间隙进行检查。

（3）对其余关键金属部件进行 NDT 检查，并对其余损伤部件进行修复更换。

（4）对于 PG9351FA 型燃气轮机，建议加强检修过程中新换透平叶片的质量监督和验收，并加强透平末级叶片的定期检查。

十五、航改机轴承损伤

1. 设备概况

某公司燃气轮机为 LM2500+G4 型 30MW 级分布式燃气轮机，燃气轮机主要设计参数见表 1-5。

表 1-5　　　　　　　　　　　燃气轮机主要设计参数

序号	项目名称	单位	数据
1	基本负荷（ISO 工况）	MW	31.482
2	额定转速	r/min	3000
3	转向（从发电机侧向压气机侧看）		顺时针
4	燃气轮机排气温度	℃	543.8（性能保证工况）
5	燃气轮机排烟压力	kPa	105.74（性能保证工况）
6	燃气轮机前置模块天然气压力	MPa	3.585
7	燃气轮机排烟质量流量	kg/s	548.982（性能保证工况）
8	透平入口温度	℃	867
9	天然气流量	kg/s	9.71（基本负荷 ISO 工况）

涡轮润滑油系统为附件齿轮箱、GG 轴承和 PT 轴承的润滑、冷却和清洗提供适当压力和温度的清洁润滑油，同时给变距定子叶片（VSV）执行机构系统提供润滑油。涡轮润滑油泵通过手动关闭阀和进油口（L1）从 530L 的储油池中吸入润滑油。油从出油口（L2）传送到外部系统中的润滑油双级供给过滤器，过滤器中的油经过集油器端口（L4）进入涡轮的内部润滑油系统，从而分配到附件齿轮箱和涡轮轴承、VSV 执行机构。

2. 事件经过

2022 年 5 月 19 日启动并网运行，5 月 30 日中午 1 号燃气轮机发电负荷 23.7MW，2 号汽轮机发电负荷 4.7MW，燃气轮机画面发出报警"磁屑探测器 MCD-1064 阻值低于 100Ω（最低到达 18Ω）"，正常时应为 300Ω。发现该情况后与电网沟通后于 6 月 1 日进行了换机工作，11:30:00 1 号燃气轮机解列。

3. 检查情况

（1）轴承损伤位置。自压气机至低压透平布置有 3～7 号轴承，其中 3、5、6 号轴承为滚柱轴承，仅用于转子的径向支撑，4、7 号轴承为滚珠轴承与滚柱轴承组合，在径向支撑的同时提供轴向推力，1 号燃气轮机轴承布置如图 1-87 所示。每个轴承的回油管上布置一个磁屑探测器，当轴承发生磨损，铁屑通过回油被磁屑探测器吸附后引起内部阻值变化发出报警。此次出现损伤的 7 号轴承位于燃气轮机排气侧，六级低压动力透平后侧，距磁屑传感器的距离为 3m 左右，1 号燃气轮机 7 号轴承现场布置如图 1-88 所示，7 号轴承现场磁屑传感器布置如图 1-89 所示。

（2）运行参数分析。调阅 1 号燃气轮机运行数据发现，低压透平无轴向位移测点，7 号轴承振动一直保持在 114.3μm 左右，最低为 105.4μm，最高为 123.2μm（报警值 177.8μm、跳机值 254μm），回油温度为 110℃（高报警 160℃、高高报警 171℃），调阅磁屑传感器阻值变化前后运行曲线，分析发现其变化前后均未出现大幅波动，对比前一次开机及 2021 年运行的数据发现，其数值均保持稳定。

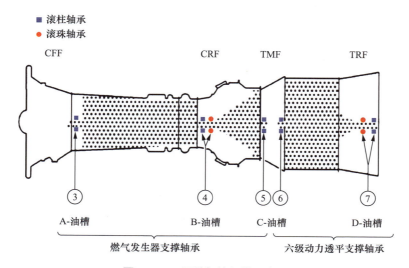

图 1-87　1 号燃气轮机轴承布置

图 1-88　1 号燃气轮机 7 号轴承现场布置

图 1-89　7 号轴承磁屑传感器现场布置

（3）润滑油油质分析。查阅油质化验报告，严格按油质化验周期要求定期对燃气轮机油质取样化验（水分分析每月 1 次、颗粒度每季度 1 次），经查阅润滑油油质化验报告发现其均合格，2022 年 1 月油质化验结果为颗粒度 5 级（标准为不大于 7），燃气轮机润滑油 1 月油质化验报告如图 1-90 所示，5 月 20 日左右取样颗粒度化验合格出现报警后临时取油样送检，化验结果为颗粒度 4 级。

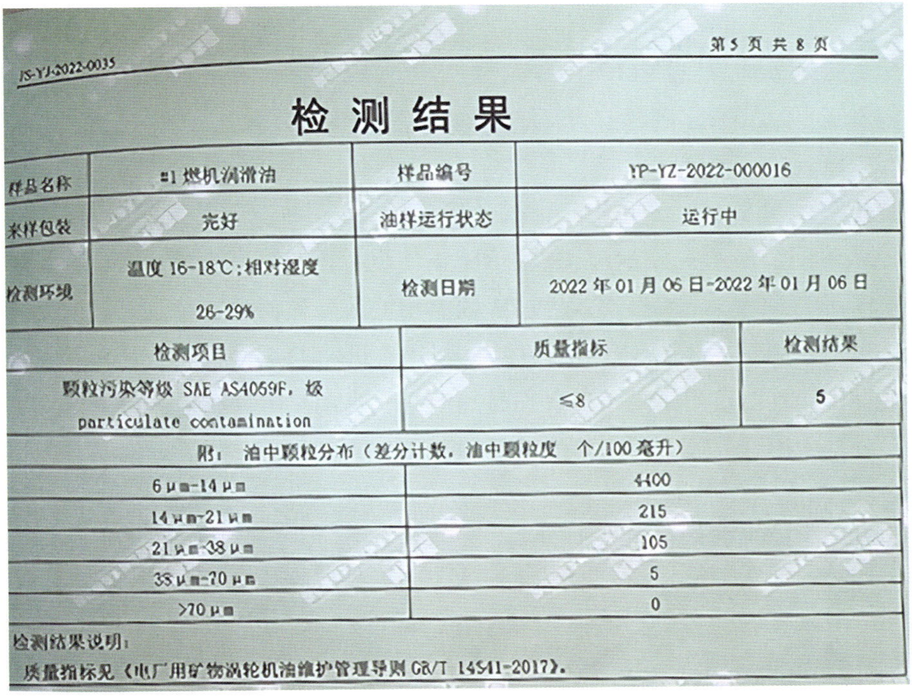

JS-YJ-2022-0035　　　　　　　　　　　　　　　　　　　　　　　　第 5 页 共 8 页

检 测 结 果

样品名称	#1 燃机润滑油	样品编号	YP-YZ-2022-000016
采样包袋	完好	油样运行状态	运行中
检测环境	温度 16~18℃；相对湿度 26~29%	检测日期	2022 年 01 月 06 日-2022 年 01 月 06 日

检测项目	质量指标	检测结果
颗粒污染等级 SAE AS4059F，级 particulate contamination	≤8	5
附：油中颗粒分布（差分计数，油中颗粒度 个/100 毫升）		
6μ~14μ		4400
14μ~21μ		215
21μ~38μ		105
38μ~70μ		5
>70μ		0

检测结果说明：
质量指标见《电厂用矿物涡轮机油维护管理导则 GB/T 14541-2017》。

图 1-90　燃气轮机润滑油 1 月油质化验报告

（4）解体检查。解体检查发现 7B 轴承内圈与滚珠工作面存在剥落并已变色，轴承外圈未发现异常损伤，轴承解体检查损伤情况如图 1-91 所示。

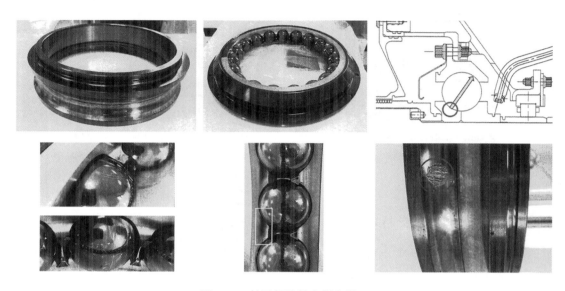

图 1-91　轴承解体检查损伤情况

4. 原因分析

停机后拆卸磁屑探测器 MCD-1064，经检查发现吸附物为类似金属亮片的物质，将该吸附物发至厂家实验室进行分析，结果确认碎片与轴承同一材质，可以判定 7 号轴承损坏并有脱落现象。

解体检查发现 7B 轴承内圈与滚珠工作面存在剥落并已变色，轴承外圈未发现异常损伤。经调研同类机组曾发生过 4B 轴承磨损情况（当时回油温度有变化），整机返厂进行检修。另外由于设备厂家注意到 7B 轴承相关故障事件略有增加，曾于 2019 年 11 月 21 日发出技术通告，推荐一种经过渗氮硬化改进后的 7B 深沟球轴承。由此推测该轴承可能存在设计硬度不足的情况，长时间运行硬质颗粒通过油系统和空气系统进入轴承腔，导致轴承出现表面磨损剥落的情况。

5. 暴露问题

未及时关注主设备厂家发布的技术通告，未对通告中提到的异常问题进行深入分析。

6. 处理及防范措施

（1）为提高轴承的耐磨性能，避免上述事故的发生，可根据设备厂家技术通告

SB304、SB305、SB306、SB309 的要求对 LM2500 燃气轮机的 4B、5R、7B 轴承进行渗氮硬化处理，以提高轴承滚珠与内外圈接触面的表面硬度，降低硬质颗粒进入润滑油腔后对轴承造成损伤破坏的可能。

（2）严格按油质化验周期要求定期对燃气轮机油质取样化验，发现水分及颗粒度超标时及时进行滤油处理。

（3）持续关注设备厂家发布的技术通告，对通告中提到的异常问题进行深入分析，并对比机组的运行及检修情况及时进行技术改造。

第二章

汽 轮 机

第一节 防止汽轮机损坏事故重点要求

为防止汽轮机本体损坏事故,避免因本体损坏造成人身伤害或重大经济损失,提升设备的安全性和可靠性,依据《防止电力生产事故的二十五项重点要求(2023 版)》(国能发安全〔2023〕22 号)、DL/T 1055《火力发电厂汽轮机技术监督导则》、DL/T 608《300MW ~ 600MW 级汽轮机运行导则》等相关规范文件,总结分析近年来汽轮机设备损坏事故经验教训,结合机组运行、维护等实际情况,提出以下重点要求。

1. 防止汽轮机超速事故

(1)在额定蒸汽参数下,调节系统应能维持汽轮机在额定转速下稳定运行,甩负荷后能将机组转速控制在超速保护动作值转速以下。

(2)数字式电液控制系统(DEH)应设有完善的机组启动与保护逻辑和严格的限制启动条件;对机械液压调节系统的机组,也应有明确的限制启动条件。

(3)汽轮发电机组轴系应至少安装两套转速监测装置在不同的转子上。两套装置转速相差超过 30r/min 后分散控制系统(DCS)应发报警,技术人员应分析原因,确认转速测量系统故障时,应立即处理。

(4)抽汽供热机组的抽汽止回阀关闭应迅速、严密,联锁动作应可靠,布置应靠近抽汽口,并必须设置有能快速关闭的抽汽关断阀,以防止抽汽倒流引起超速。

(5)汽轮机油和抗燃油的油质应合格。油质不合格的情况下,严禁机组启动。

(6)各种超速保护均应正常投入。超速保护不能可靠动作时,禁止机组运行(超速试验所必要的启动、并网运行除外)。

(7)机组重要运行监视表计,尤其是转速表,显示不正确或失效,严禁机组启动。运行中的机组,在无任何有效监视手段的情况下,必须停止运行。

(8)新建或机组大修后,必须按规程要求进行汽轮机调节系统静止试验或仿真试验,确认调节系统工作正常。在调节部套有卡涩、调节系统工作不正常的情况下,严禁机组启动。

（9）在任何情况下绝不可强行挂闸。

（10）机组正常启动或停机过程中，应严格按运行规程要求投入汽轮机旁路系统，尤其是低压旁路。在机组甩负荷或事故状态下，应开启旁路系统。机组再次启动时，再热蒸汽压力不得大于制造商规定的压力值。

（11）坚持按规程要求进行主汽阀、调节汽阀、低压补汽阀关闭时间测试，以及汽阀严密性试验、超速保护试验、阀门活动试验。

（12）坚持按规程要求进行抽汽止回阀关闭时间测试、机组运行中止回阀活动试验，止回阀应动作灵活、不卡涩。

（13）危急保安器动作转速一般为额定转速的 110%±1%。

（14）进行超速试验实际升速时，在满足试验条件下，主蒸汽和再热蒸汽压力尽量取低值。

（15）对新投产机组或汽轮机调节系统经重大改造后的机组，应进行甩负荷试验。但以下所列不宜进行甩负荷试验的机组除外，包括：

1）未设置旁路系统。

2）仅设置 5% 串级启动疏水系统。

3）配置不具备热备用功能的启动旁路系统。

（16）机组正常停机时，严禁带负荷解列。应先将发电机有功功率、无功功率减至零，检查确认有功功率到零，电能表停转或逆转以后，再将发电机与系统解列；或采用汽轮机手动打闸或锅炉手动主燃料跳闸联跳汽轮机，发电机逆功率保护动作解列。

（17）电液伺服阀（包括各类型电液转换器）的性能必须符合要求，否则不得投入运行。油系统冲洗时，电液伺服阀必须按规定使用专用盖板替代，不合格的油严禁进入电液伺服阀。运行中要严密监视其运行状态，不卡涩、不泄漏和动作稳定。大修中要进行清洗、检测等维护工作。发现问题应及时处理或更换。备用伺服阀应按制造商的要求条件妥善保管。

（18）主油泵轴与汽轮机主轴间具有齿形联轴器或类似联轴器的机组，应定期检查联轴器的润滑和磨损情况，其两轴中心标高、左右偏差应严格按制造商的规定安装。

（19）汽轮机在深调峰运行方式下，进入中压调节阀动作区间后，调节系统应设置中压调节阀阀位限制或增加蓄能器等防止控制油压大幅摆动的措施。

2. 防止汽轮机轴系断裂及损坏事故

（1）机组主、辅设备的保护装置必须正常投入，已有振动监测保护装置的机组，振动超限跳机保护应投入运行；机组正常运行瓦振、轴振应满足相关标准，并注意监视变化趋势。

（2）新机组投产前、已投产机组每次大修中，应进行转子表面和中心孔探伤检查。按 DL/T 438《火力发电厂金属技术监督规程》相关规定，对高温段应力集中部位应进行表面检验，有疑问时进行表面探伤。选取不影响转子安全的部位进行硬度检验，若硬度相对前次检验有较明显变化时应进行金相组织检验。

（3）新机组投产前和机组大修中，必须检查平衡块固定螺栓、风扇叶片固定螺栓、定子铁芯支架螺栓、各轴承和轴承座螺栓的紧固情况，保证各联轴器螺栓的紧固和配合间隙完好，并有完善的防松措施。

（4）新机组投产前应对焊接隔板的主焊缝进行检查。大修中应检查隔板变形情况，最大变形量不得超过轴向间隙的 1/3。对于 600MW 以上机组或超临界及以上机组，高、中压隔板累计变形超过 1mm，按 DL/T 438《火力发电厂金属技术监督规程》相关规定，应对静叶与外环的焊接部位进行相控阵检查，结构条件允许时静叶与内环的焊接部位也应进行相控阵检查。

（5）为防止由于发电机非同期并网造成的汽轮机轴系断裂及损坏事故，应严格落实《防止电力生产事故的二十五项重点要求（2023 版）》（国能发安全〔2023〕22 号）规定的关于防止发电机非同期并网的各项措施。

（6）严格按超速试验规程的要求，机组冷态启动带 10%～25% 额定负荷、运行 3～4h（或按制造商要求），解列后立即进行超速试验。

（7）加强汽水品质的监督和管理。大修时应检查汽轮机转子叶片、隔板上沉积物，并取样分析，针对分析结果制定有效的防范措施，防止转子及叶片表面及间隙积盐、腐蚀。

（8）对于送出线路加装串联补偿装置的机组，应采取措施以预防次同步谐振造成发电机组转子损伤。

（9）运行 100000h 以上的机组，每隔 3～5 年应对转子进行一次检查（制造商有返厂检查等特殊要求的，可参照制造商要求执行）。运行时间超过 15 年、寿命超过设计使用寿命、低压焊接、承担调峰启停频繁或深度调峰运行的转子，应适当缩短检查周期。重点对高中压转子调速级叶轮根部的变截面 R 处和前汽封槽，叶轮、轮缘小角及叶轮平衡孔部位，以及高、中、低压转子套装叶轮键槽，焊接转子焊缝等部位进行检查。

（10）严禁使用不合格的转子。已经过本企业上级单位主管部门批准并拟投入运行的有缺陷转子应进行技术评定，根据机组的具体情况、缺陷性质制定运行安全措施，并报主管部门审批后执行。

（11）建立机组试验档案，包括投产前的安装调试试验、大小修后的调整试验、常规试验和定期试验。

（12）建立机组事故档案，无论大小事故均应建立档案，包括事故名称、性质、原因和防范措施。

（13）建立转子技术档案，包括制造商提供的转子原始缺陷和材料特性等转子原始资料；历次转子检修检查资料；机组主要运行数据，运行累计时间，主要运行方式，冷、热态启停次数，启停过程中的汽温、汽压负荷变化率，超温、超压运行累计时间，主要事故情况及原因和处理。

3. 防止汽轮机大轴弯曲事故

（1）疏水系统应保证疏水畅通。疏水联箱的标高应高于凝汽器热水井最高点标高。高、低压疏水联箱应分开，疏水管应按压力顺序接入联箱，并向低压侧倾斜45°。疏水联箱或扩容器应保证在各疏水阀全开的情况下，其内部压力仍低于各疏水管内的最低压力。再热冷段蒸汽管的最低点应设有疏水点。防腐蚀汽轮机疏水管直径应不小于76mm。

（2）减温水管路阀门应关闭严密，自动装置可靠，并应设有截止阀。

（3）轴封及门杆漏汽至除氧器或抽汽管路，应设置止回阀和截止阀。

（4）高、低压加热器应装设紧急疏水阀，可远方操作和根据疏水水位自动开启。

（5）高、低压轴封应分别供汽。特别注意高压轴封段或合缸机组的高、中压轴封段，其供汽管路应有良好的疏水措施。低压轴封供汽温度测点应与喷水装置保持充分距离以避免温度测量不准，定期检查喷水减温装置的雾化效果，防止水进入低压轴封。

（6）凝汽器应设计有高水位报警并在停机后仍能正常投入。除氧器应有水位报警和高水位自动放水装置。

（7）汽轮机启动前必须符合以下条件，否则禁止启动：

1）大轴晃动（偏心）、串轴（轴向位移）、胀差、低油压和振动保护等表计显示正确，并正常投入。

2）大轴晃动值不超过制造商的规定值或原始值的±0.02mm。

3）高压外缸上、下缸温差不超过50℃，高压内缸上、下缸温差不超过35℃。若制造厂有更严格的规定，应从严执行。

4）启动蒸汽参数应符合制造厂规定。一般情况下主汽阀前蒸汽温度应高于汽缸最高金属温度50℃，但不超过额定蒸汽温度，且蒸汽过热度不低于50℃。

（8）机组启、停过程操作措施如下：

1）机组启动前连续盘车时间应执行制造商的有关规定，不得少于2～4h，热态启动不少于4h。若盘车中断应重新计时。

2）机组启动过程中因振动异常停机必须回到盘车状态，应全面检查、认真分析、查明原因。当机组已符合启动条件时，连续盘车不少于4h才能再次启动，严禁盲目启动。

3）机组热态启动前应检查停机记录，并与正常停机曲线进行比较，若有异常应认真分析、查明原因，并采取措施及时处理。

4）机组热态启动投轴封供汽时，应确认盘车装置运行正常，先向轴封供汽，后抽真空。停机后，凝汽器真空为零，方可停止轴封供汽。轴封供汽停止后，应关闭轴封减温水截止阀。应根据缸温选择供汽汽源，以使供汽温度与金属温度相匹配。

5）疏水系统投入时，严格控制疏水系统各容器水位，注意保持凝汽器（排汽装置）水位低于疏水联箱标高。供汽管道应充分暖管、疏水，严防水或冷汽进入汽轮机。

6）机组启动时从锅炉点火至机组并网带极低负荷运行期间，不得投入再热蒸汽减温器喷水。机组深度调峰运行必须投入再热蒸汽减温器喷水时，应加强对再热蒸汽温度监视。在锅炉熄火或机组甩负荷时，应及时切断主蒸汽、再热蒸汽减温水。

7）电动盘车在转子惰走到零后应立即投入。当盘车电流较正常值大、摆动或有异声时，应查明原因及时处理。当汽缸内动静部分摩擦严重时，将转子高点置于最高位置，关闭与汽缸相连通的所有疏水（闷缸措施），以保持上下缸温差，监视转子弯曲度，当确认转子弯曲度正常后，进行试投盘车，盘车投入后应连续盘车。当盘车盘不动时，严禁用起重机等设备强行盘车。

8）停机后因盘车装置故障或其他原因需要暂时停止盘车时，应采取闷缸措施，监视上下缸温差、转子弯曲度的变化，待盘车装置正常或暂停盘车的因素消除后及时投入连续盘车。

9）停机后应监视凝汽器（排汽装置）、高低压加热器、除氧器水位和主蒸汽、再热冷段及再热热段管道集水罐处及各段抽汽管道管壁温度变化，防止汽轮机进水。

（9）汽轮机发生下列情况之一，应立即打闸停机：

1）机组启动过程中，在中速暖机之前，轴承振动超过0.03mm；或严格按照制造商标准执行。

2）机组启动过程中，通过临界转速时，轴承振动超过0.1mm或相对轴振动值超过0.25mm，应立即打闸停机；或严格按照制造商的标准执行；严禁强行通过临界转速或降速暖机。

3）机组运行中要求轴承振动不超过0.03mm或相对轴振动不超过0.09mm，超过时应设法消除，当相对轴振动大于0.25mm应立即打闸停机；当轴承振动或相对轴振动变化量超过报警值的25%，应查明原因设法消除，当轴承振动或相对轴振动突然增加报警值的100%，应立即打闸停机；或严格按照制造商的标准执行。

4）高压外缸的上、下缸温差超过50℃，高压内缸的上、下缸温差超过35℃。若制造厂有更严格的规定，应从严执行。

5）机组正常运行时，主蒸汽、再热蒸汽温度在 10min 内下降 50℃。调峰型单层汽缸机组可根据制造商相关规定执行。

（10）应采用良好的保温材料和施工工艺，保证机组正常停机后的上、下缸温差不超过 35℃，最大不超过 50℃。若制造厂有更严格的规定，应从严执行。

（11）汽轮机在热状态下，锅炉不得进行打水压试验。

（12）机组监测仪表必须完好、准确，并定期进行校验。尤其是大轴晃度、振动和汽缸金属温度表计，应按热工监督条例进行统计考核。

（13）严格执行运行、检修操作规程，严防汽轮机进水、进冷汽。应具备和熟悉掌握的资料有：

1）转子安装原始弯曲的最大晃动值（双振幅），最大弯曲点的轴向位置及在圆周方向的位置。

2）大轴晃度表测点安装位置转子的原始晃动值（双振幅），最高点在圆周方向的位置。

3）机组正常启动过程中的波德图（Bode）和实测轴系临界转速。

4）正常情况下盘车电流和电流摆动值（液压盘车装置为油压），以及相应的油温和顶轴油压。

5）正常停机过程的惰走曲线，以及相应的真空值和顶轴油泵的开启转速和紧急破坏真空停机过程的惰走曲线。

6）停机后，机组正常状态下的汽缸主要金属温度的下降曲线。

7）通流部分的轴向间隙和径向间隙。

8）机组在各种状态下的典型启动曲线和停机曲线，并应全部纳入运行规程。

9）记录机组启停全过程中的主要参数和状态。停机后定时记录汽缸金属温度、大轴弯曲、盘车电流、汽缸膨胀、胀差等重要参数，直到机组下次热态启动或汽缸金属温度低于 150℃为止。

10）系统进行改造，运行规程中尚未作具体规定的重要运行操作或试验，必须预先制订安全技术措施，经总工程师或厂级分管生产领导批准后再执行。

4. 防止汽轮机轴瓦损坏事故

（1）润滑油冷油器制造时，冷油器切换阀应有可靠的防止阀芯脱落的措施，避免阀芯脱落堵塞润滑油通道导致断油、烧瓦。

（2）油系统严禁使用铸铁阀门，各阀门门杆应与地面水平安装。主要阀门应挂有"禁止操作"安全标志。主油箱事故放油阀应串联设置两个钢制截止阀，操作手轮应设在距油箱 5m 以外，有两个以上通道且能保证漏油着火时人员可到达并便于操作、便于撒离的地方，手轮应挂有明显的"禁止操作"安全标志，手轮不应加锁。润滑油供油管道中不宜装设滤网，若装设滤网，必须采用激光打孔滤网，并有防止滤网堵塞和破损的措施。

（3）润滑油系统油泵出口止回阀前应设置可靠的排气措施，防止油泵启动后泵出口堆积空气不能快速建立油压，导致轴瓦损坏。

（4）直流润滑油泵的直流电源系统应有足够的容量，其各级熔断器应合理配置，防止故障时熔断器熔断使直流润滑油泵失去电源。

（5）交流润滑油泵电源的接触器，应采取低电压延时释放措施，同时要保证自动投入装置动作可靠。

（6）应设置主油箱油位低跳机保护，必须采用测量可靠、稳定性好的液位测量方法，并采取"三取二"的保护方式，保护动作值应考虑机组跳闸后的惰走时间。机组运行中发生油系统渗漏时，应申请停机处理，避免处理不当造成大量漏油，导致烧瓦。如已发生大量漏油，应立即打闸停机。

（7）润滑油系统不宜在轴瓦进油管道装设调压阀。已装设的机组，调压阀应有可靠的防松脱措施，并定期进行检查。避免运行中阀芯移位或脱落造成断油烧瓦。

（8）电厂应与制造厂核实新建或改造机组的汽轮机轴向推力计算值或实测值，防止调速汽阀动作异常或补汽阀开启时轴向推力过大，造成推力轴承损伤。

（9）安装和检修时要彻底清理油系统杂物，严防遗留杂物堵塞油泵入口或管道。

（10）润滑油系统油质应按规程要求定期进行化验，油质劣化应及时处理。在油质不合格的情况下，严禁机组启动。

（11）润滑油油压低报警联锁启动油泵、跳闸保护、停止盘车定值及测点安装位置应按照制造商要求安装和整定，低油压联锁启动直流油泵整定值与汽轮机油压低跳闸整定值应相同，直流油泵联锁启动的同时必须跳闸停机。对各压力开关应采用现场试验系统进行校验，润滑油油压低时应能正确、可靠地联动交流、直流润滑油泵。

（12）新机组或润滑油系统检修、改造后，应进行交流润滑油泵跳闸联锁启动备用交流润滑油泵和直流润滑油泵试验，在联锁启动过程中，系统润滑油油压不得低于汽轮机运行最低安全油压（或润滑油油压低跳汽轮机值）。

（13）辅助油泵（包括交流润滑油泵、直流润滑油泵）及其自启动装置，应按要求定期进行启动试验，保证油泵处于良好的备用状态。机组启动前辅助油泵必须处于联动状态。机组正常停机前，应先启动交流润滑油泵，确认油泵工作正常后再打闸停机。

（14）润滑油系统冷油器、辅助油泵、滤网等进行切换时，应在指定人员的监护下按操作票顺序缓慢进行操作，操作中严密监视润滑油压的变化，严防切换操作过程中断油。

（15）油位计、油压表、油温表及相关的信号装置，必须按要求装设齐全、指示正确，表计值 DCS 显示应与就地显示一致，并定期进行校验。

（16）机组启动、停机和运行中要严密监视推力瓦、轴瓦钨金温度和回油温度。当温度超过标准要求时，应按规程规定果断处理。

（17）在机组启停过程中，应按制造商规定的转速停止、启动顶轴油泵。

（18）在运行中发生了可能引起轴瓦损坏的异常情况（如水冲击、瞬时断油、轴瓦温度急升超过 120℃等），应在确认轴瓦未损坏后，方可重新启动。

（19）检修中应检查主油泵、交流润滑油泵和直流润滑油泵出口止回阀的状态是否正常，防止启停机过程中断油。

（20）机组蓄电池在按规定进行核对性放电试验后，应带上直流润滑油泵、直流密封油泵进行实际带负荷试验。

（21）严格执行运行、检修操作规程，严防轴瓦断油。

第二节　汽轮机故障典型案例

一、水蚀等引起低压末级叶片断裂

1. 设备概况

某公司建有两套 E 级燃气-蒸汽联合循环发电机组，配套汽轮机为联合循环双压抽汽凝汽式汽轮机，型号为 LZC80-7.80/0.65/0.15，为次高压、单缸、单轴、双压、无再热、无回热、抽汽凝汽式汽轮机。汽缸前部（第 1～5 级）为双层结构，之后为单层结构，通流部分共由 15 级压力级组成。低压末级叶片长 905mm，采用双焊拉筋结构。

新蒸汽由余热锅炉分两路经电动隔离阀进入位于汽缸两侧的主汽阀、调节汽阀阀组，通过汽缸的下部分两路同时进入高压蒸汽室，经第 1～10 级做功后，与从余热锅炉来的第 2 股蒸汽（低压补汽）混合，经第 11～15 级压力级做功后排入凝汽器。本机组无回热抽汽系统，汽轮机在第 12 级后设有一级采暖供热抽汽。采暖抽汽额定工况压力为 0.15MPa，温度为 111.4℃，流量为 227.47t/h。

循环水余热利用工程装设有 2 台容量为 60.92MW 的吸收式热泵，利用两台余热锅炉的低压补汽作为驱动汽源，回收一台汽轮机组（1 号或 2 号汽轮机）的全部低温循环水余热，用来加热热网水。驱动汽源在热泵中释放热量后凝结成疏水，经疏水泵升压后，与凝结水混合，进入低压汽包。热泵驱动压力为 0.48MPa，汽耗量为 55.4t/h。循环水余热利用工程于 2012 年开始建设，2013 年试运、投产。

1 号联合循环发电机组 2008 年正式投入商业运行，1 号机组汽轮机部分别于 2010 年和 2015 年进行两次大修。汽轮机、低压末级叶片技术参数见表 2-1、表 2-2。

表 2-1 汽轮机技术参数

序号	项目	单位	内容
1	型号		LZC80–7.80/0.65/0.15
2	汽轮机总内效率	%	84.6
3	额定功率（纯凝工况）	MW	81.550
4	额定转速	r/min	3000
5	冬季供热工况功率（性能保证）	MW	57.354
6	主蒸汽压力（抽汽工况）	MPa	7.778
7	主蒸汽温度（抽汽工况）	℃	519
8	主蒸汽流量（抽汽工况）	t/h	242.2
9	补汽蒸汽压力（抽汽工况）	MPa	0.65
10	补汽蒸汽温度（抽汽工况）	℃	210
11	补汽蒸汽流量（抽汽工况）	t/h	52.9
12	最大抽汽量	t/h	250
13	设计冷却水温度	℃	22.5
14	排汽压力（抽汽工况）	kPa	3.4
15	最高允许背压值	kPa	18.6
16	高压缸	级	10
17	低压缸	级	5
18	配汽方式		节流
19	启动及运行方式		滑参数
20	转子旋转方向		自汽轮机向发电机看为顺时针
21	汽轮机临界转速	r/min	1 阶：1299；2 阶：3757
22	发电机临界转速	r/min	2500 ～ 2700

表 2-2 低压末级叶片技术参数

序号	参数	单位	第 15 级
1	动叶中径	mm	2642.86
2	动叶高度	mm	905.5
3	叶片结构形式		双焊拉筋成组叶片
4	每级动叶数	只	96
5	每组叶片数	只	4
6	叶片材料		0Cr17Ni4Cu4Nb-T6（Ⅱ）

序号	参数	单位	第 15 级
7	叶根型式		枞树形叶根
8	工作转速	r/min	3000
9	防水蚀措施		钎焊司太立合金片
10	单只叶片质量	kg	17.3

2. 事件经过

2018 年 8 月 31 日，1 号联合循环发电机组汽轮机轴承振动突增，触发机组 ETS（汽轮机危急跳闸系统）保护，致使 1 号汽轮机跳闸。

9 月 3 日，检修人员开观察孔对末级叶片进行了检查，发现有 1 只末级叶片发生了断裂，个别叶片被打伤。叶片断口情况如图 2-1 和图 2-2 所示。9 月 5—7 日，缸温满足检修条件，揭缸最终确认一只末级叶片（57 号）距顶部约 280mm 处发生断裂。同时发现末级叶片上部进汽侧水蚀较严重，几乎所有叶片在距叶顶 280mm 处存在宽约 3 ~ 7mm 缺口，叶片根部出汽侧也发现不同程度的水蚀坑，水蚀情况如图 2-3 ~ 图 2-5 所示。

图 2-1　汽轮机末级叶片断裂情况

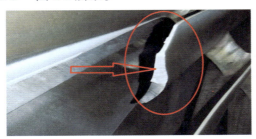

图 2-2　汽轮机末级叶片断裂细节

图 2-3　叶片上端水蚀情况

图 2-4　司太立合金与母材连接处水蚀豁口

图 2-5　末级叶片背弧面（出汽侧）水蚀回流情况

3. 检查情况

（1）设备运行情况分析。调阅 2011—2017 年供暖季（11 月至次年 3 月）数据和 2010 年以来大修历史资料，从全厂主要指标和 1 号机组汽轮机数据指标两个方面进行分析，具体如图 2-6～图 2-8 所示。

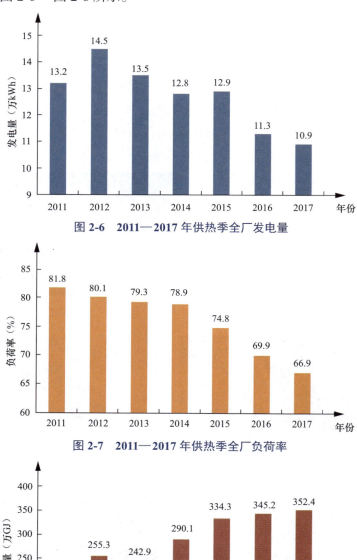

图 2-6　2011—2017 年供热季全厂发电量

图 2-7　2011—2017 年供热季全厂负荷率

图 2-8　2011—2017 年供热季全厂供热量

从全厂主要指标变化趋势看出，自 2011 年以来，全厂发电量及负荷率总体呈逐年降低趋势，而机组供热量逐年增加，即自 2011 年以来机组实际负荷逐年降低和采暖供热抽汽量逐年增加，最终导致汽轮机末级叶片通流量递减，恶化汽轮机末级叶片的工作环境，增大末级叶片水蚀可能性。

从汽轮机背压变化趋势看出，自 2011 年以来背压的总体走势呈阶段性递增趋势，其中 2011 年背压最低，仅为 2.02kPa；其次为 2012 年，背压为 3.09kPa，具体参数如图 2-9 所示。2013—2017 年均在设计额定背压 3.4kPa 以上，故初步排除真空过高对末级叶片的影响。

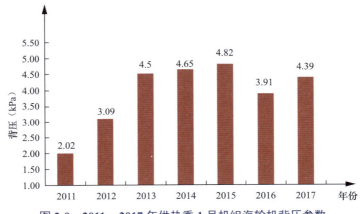

图 2-9　2011—2017 年供热季 1 号机组汽轮机背压参数

从凝结水流量变化趋势看出，2009 年和 2010 年供热季 1 月凝结水流量较高，均在 80t/h 以上，2011 年直接降至 61.29t/h，2011—2014 年凝结水流量呈平缓上升趋势，2014 年达到相对峰值 70.30 t/h，自 2014 年开始急剧下降，2017 年达到最低为 51.70 t/h。设计最大抽汽工况下，排汽流量为 44.38t/h，如图 2-10 所示。自 2014 年供热季的凝结水流量逐年降低，通过末几级的进汽量将急剧减少，当通流量低于机组最小通流量，蒸汽在湿蒸汽区膨胀，会出现水滴，从而对末级长叶片产生水蚀。

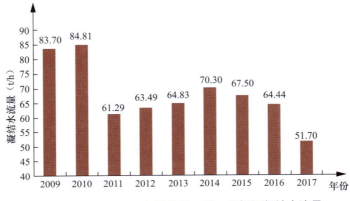

图 2-10　2009—2017 年供热季 1 月 1 号机组凝结水流量

（2）查阅历年检修情况。调阅 2010 年和 2014 年大修期间该公司和汽轮机厂来往的传真纪要，其显示自 2010 年凝结水流量在历史高点时叶片已经发生水蚀问题，而随后 2014 年大修和此次揭缸均发现叶片水蚀问题在不断加剧，同时揭缸发现末级叶片出汽轮机侧也出现水蚀。以上情况说明低压缸末级叶片确实存在叶片水蚀问题，证明末级叶片实际通流量低于实际允许最小流量，汽轮机末级叶片存在小流量运行状态。

4. 原因分析

（1）通常汽轮机叶片损伤（断裂）的原因可大致归纳为机械损伤、水击损伤、腐蚀及锈蚀损伤、水蚀损伤、叶片本身存在缺陷以及运行管理不当等。结合该厂的实际运行和叶片检查情况，此次末级叶片断裂主要是由于水蚀损伤和叶片本身存在缺陷两方面造成的末级叶片断裂。

（2）机组负荷逐年降低，而供热抽汽量却逐年增加，侧面反映汽轮机末级通流量呈逐年递减趋势，汽轮机末级叶片的工况环境恶化，增大叶片水蚀隐患。由于末级叶片的蒸汽通流量无相关测点，无法定量分析，因而通过凝结水流量来估算。2011 年供热季的凝结水流量直接从 2010 年约 80 t/h 降至 61.29 t/h，2011—2014 年凝结水流量总体呈平缓上升趋势，自 2014 年供热季的凝结水流量急剧降低，2017 年达到历史最低水平为 51.70t/h。而厂内运行规程中要求最大抽汽工况下，排汽流量为 44.38t/h，对比历史凝结水流量可知历史最低值仍在规定值以上。根据该公司以往检修时和汽轮机厂来往的传真纪要可知，低压缸末级叶片确实存在水蚀问题，证明末级叶片实际通流量低于实际允许最小流量，汽轮机末级叶片存在小流量运行状态。

综合以上分析结果，一方面，随机组负荷逐年降低和供热量逐年增加，汽轮机末级叶片通流量逐年减少，甚至低于设计最小流量，造成末级叶片小流量运行，该工况下容易造成末级叶片背部蒸汽回流而加剧叶片的水蚀程度。另一方面，小流量运行也容易产生颤振，致使叶片动应力增大，从而造成叶片损伤等问题。

（3）此次试验分析的 2 根叶片一根断裂，另一根存在裂纹，2 根叶片发生缺陷的位置具有一致性，均为叶片入汽轮机侧距叶顶 280mm 司太立合金与叶片母材交界处。在对 1 号机组低压转子进行磁粉检测时发现该位置共 33 根叶片存在裂纹或开口缺陷。对叶片进行化学成分分析，发现叶片除 Cr、S 元素含量略高于标准要求外，其余元素含量符合标准要求。S 元素含量偏高会产生热脆现象，恶化钢的质量，对焊接性也会产生不好的影响。Cr 含量较高，容易产生铁素体，引起 C 和 Cr 偏析，使马氏体转变不完全，导致强度降低，韧塑性增加。在进一步的金相检验中未发现 δ 铁素体超标现象，因此可推断元素含量的少量超标不是叶片产生裂纹的主要原因。对 2 根叶片进行力学性能试验，除 12 号叶片屈服强度偏低外，其余试验数据符合标准要求，12 号叶片的屈服强度低于标准要求下限，但平均值达到 880MPa，且抗拉强度合格，因此可推断力学性能问题也不是此次叶片开裂的主要原因。在金相检验中发现 2 根叶片疲劳源位置及叶片母材的其他位置组织均为回火马氏体，组织未见异常。对 57 号叶片的断口进行扫描电子显微镜（SEM）检查，发现断口处存在明显的疲劳贝纹线，具有典型的疲劳断裂特征。

综合以上试验结果，低压转子末级叶片司太立合金与母材交界处存在结构上的不连续，形成应力集中，在机组长期运行中，由于交变应力、应力集中及水蚀的共同作用下产生疲劳裂纹，疲劳裂纹逐渐扩展，当裂纹扩展到剩余面积不足以承担最大疲劳载荷时，叶片发生断裂。

5. 暴露问题

（1）随着机组负荷逐年降低和供热量的逐年增加，汽轮机末级叶片通流量逐年减少，易造成末级叶片小流量运行，甚至造成末级叶片背部蒸汽回流而加剧叶片的水蚀程度。

（2）对机组末级叶片实际最小通流量掌握不准确。

6. 处理及防范措施

（1）通过技术改造消除叶片因结构上不连续导致的应力集中问题。

（2）进一步核定机组实际最小通流量，特别是供热量大幅增加的机组。

（3）机组揭缸检修时，重视检查叶片水蚀情况，并留存好检查记录，跟踪水蚀问题的发展情况。

二、叶根磨损等引起低压末级叶片断裂

1. 设备概况

某公司建有两套 F 级燃气-蒸汽联合循环发电机组，于 2015 年双投。汽轮机为 LZC140-13.0/1.2/555/550 型联合循环三压、再热、反动式、双缸双排汽、抽凝式汽轮机，采用高中压合缸、低压缸双流的双缸布置方式，额定功率为 140MW，额定转速 3000r/min，主蒸汽温度 555℃，主蒸汽压力 13.0MPa，再热蒸汽温度 550℃，再热蒸汽压力 3.3MPa，低压补汽温度 289℃，低压补汽压力 0.5MPa。机组在中压第 12 级设有工业抽汽，抽汽压力 1.2MPa，抽汽温度 398℃，设计抽汽流量 50t/h。

6 号汽轮机自 2015 年 11 月投产后，总运行时间约为 5500h，机组先后在 2016 年 9 月进行一次小修，在 2017 年 12 月进行检查性大修（开高中压缸和低压缸），2018 年 12 月进行了一次小修。

2. 事件经过

2019 年 4 月 15 日 08:00，市调下令 6 号机组启动，汽轮机缸温 330.7℃，温态启

动；08:01，6号燃气轮机点火；08:06，燃气轮机转速到达3000 r/min；08:58，燃气轮机发电机并网；09:10，燃气轮机负荷带至77MW；09:19，6号汽轮机主蒸汽参数满足冲转条件（7.44MPa、448℃），6号汽轮机顺控启动；09:21，6号汽轮机到达临界转速1440r/min；09:25:00，6号汽轮机转速到达3000r/min，3号轴振数据为3X:144μm，3Y:144μm，4号轴振数据为4X:121μm，4Y:142μm；09:27:00，检查各项参数均无异常，汽轮机发电机并网；09:30:07，汽轮机负荷38MW，3号轴振3X:128μm，3Y:141.7μm，4s内上升至轴瓦振动保护动作值（254μm），汽轮机跳闸，3号轴振最大达285.8μm。09:42:00，燃气轮机将负荷降至30MW，并向市调申请停机，市调同意后执行停机操作。10:53:00，燃气轮机发电机解列。

3. 检查情况

（1）运行参数检查情况。事故发生后对6号机组并网前运行参数情况进行检查，调取了机组的主汽压力、主汽温度、轴位移、机组胀差、排汽温度等主要参数，未发现运行参数存在异常情况。

（2）振动情况分析。在机组旋转机械诊断监测管理系统（TDM）调取机组并网前后振动数据及振动频谱，具体如图2-11、图2-12所示，分析发现并网前振动相对稳定，并网3min后机组振动突增，振动数据显示机组在跳机瞬间存在很大的不平衡量，转子失衡。结合揭缸后检查情况分析可知，当时机组末级叶片断裂造成转子不平衡，进而振动瞬间增大至跳机值，汽轮机跳闸。

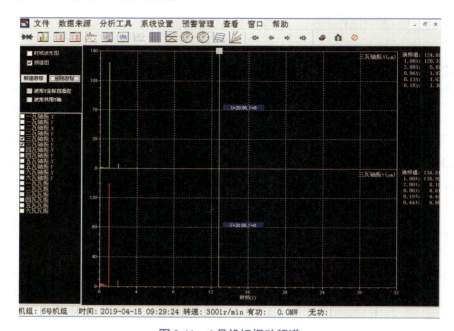

图2-11　6号机组振动频谱

文件　数据来源　分析工具　系统设置　预警管理　查看　窗口　帮助

序号	日期	时间	转速	3X(通...	3X(一倍...	3X(一倍频相位)	3Y(通频值)	3Y(一倍频幅值)	3Y(一倍频相位)
279	2019-04-15	09:29:21	3000	125	126	88	139	139	203
280	2019-04-15	09:29:23	3001	124	125	88	141	140	199
281	2019-04-15	09:29:24	3001	125	126	88	139	139	200
282	2019-04-15	09:29:27	3001	254	256	50	247	249	162
283	2019-04-15	09:29:29	3001	283	287	50	275	277	160
284	2019-04-15	09:29:32	2998	284	287	49	277	279	158
285	2019-04-15	09:29:33	3001	281	285	49	278	280	157
286	2019-04-15	09:29:35	3001	281	285	49	279	281	160
287	2019-04-15	09:29:37	3001	281	285	48	280	282	159
288	2019-04-15	09:29:40	2996	282	286	49	277	279	158
289	2019-04-15	09:29:42	2988	281	285	49	275	276	158
290	2019-04-15	09:29:44	2981	277	281	47	274	276	158
291	2019-04-15	09:29:45	2975	276	279	49	275	277	158
292	2019-04-15	09:29:48	2965	274	277	49	271	273	156
293	2019-04-15	09:29:50	2954	264	267	47	261	265	154
294	2019-04-15	09:29:53	2943	263	267	50	261	263	159
295	2019-04-15	09:29:54	2936	264	266	49	262	264	157
296	2019-04-15	09:29:56	2929	266	269	49	265	266	155
297	2019-04-15	09:29:58	2919	267	270	51	265	267	157
298	2019-04-15	09:30:01	2908	260	263	49	258	259	155
299	2019-04-15	09:30:03	2897	260	263	49	255	257	157
300	2019-04-15	09:30:06	2886	259	261	49	253	254	154
301	2019-04-15	09:30:10	2866	253	256	48	251	252	154
302	2019-04-15	09:30:12	2866	286	285	48	290	284	156
303	2019-04-15	09:30:13	2853	295	299	44	293	296	151
304	2019-04-15	09:30:16	2841	297	301	43	298	300	151
305	2019-04-15	09:30:18	2829	295	298	43	299	301	150
306	2019-04-15	09:30:21	2817	291	294	43	297	300	148
307	2019-04-15	09:30:23	2809	289	291	44	297	299	149
308	2019-04-15	09:30:24	2801	287	290	43	296	298	147
309	2019-04-15	09:30:27	2790	284	287	43	294	296	146
310	2019-04-15	09:30:30	2778	281	285	43	294	296	147
311	2019-04-15	09:30:32	2765	277	280	43	292	294	145
312	2019-04-15	09:30:34	2758	275	278	42	292	294	145
313	2019-04-15	09:30:36	2745				306		145

显示间隔设置　　　通道选择　　　转存为Excel文件

机组：6号机组　时间：2019-04-15 09:30:16　转速：2841r/min　有功：0.0MW　无功：

图 2-12　6 号机组跳闸前后振动数据

（3）叶片损伤情况。停机后打开低压缸加装平衡块的手孔检查平衡块情况，经过比对，所有平衡块都固定良好。进一步检查发现低压转子发电机侧有一根末级叶片的叶根向进汽侧发生位移，目测位移量接近 20mm，6 号汽轮机低压转子末级叶片叶根与第七级静叶围带的轴向间隙设计值为 18.98mm，对比 2017 年大修数据（2017 年大修时，间隙实测值为左侧 20.3mm、右侧 18.7mm），从末级叶片偏移距离看，末级叶片进汽侧叶根的锁紧片已失效，末级叶片根部与静叶隔板已发生碰磨。机组随即转入紧急停机检修，确定揭缸检查计划。揭缸检查详细情况如下：

1）揭低压缸检查后发现，机组发电机侧低压末级动叶共 96 片，所有叶片进汽边司太立合金及叶身均受损严重，具体如图 2-13 所示。

2）编号 50 的动叶片发生断裂，断裂长度约 245mm，吊开低压外缸后在末级动叶与静叶之间发现一块断裂叶片残骸，质量约 397g，具体检查如图 2-14 所示。

图 2-13　6 号机组发电机侧低压末级动叶损伤情况

图 2-14　6 号机组发电机侧 50 号叶片断裂情况及断裂残骸

3）编号 50 的断裂叶片及相邻的编号 49 叶片叶根部位向进汽侧发生明显轴向位移，偏移量分别为 26mm 和 14mm，具体测量结果如图 2-15 所示。

图 2-15　编号 50、49 叶片向进汽侧发生的轴向偏移

4）编号 50、49 叶片外侧的轴向锁紧片已全部磨损失效，具体磨损情况如图 2-16 所示。

5）发电机侧末级静叶存在麻点及凹陷及叶边部位的损伤，具体损伤情况如图 2-17 所示。

图 2-16　叶片锁紧片磨损情况　　图 2-17　6 号机组发电机侧末级静叶损伤情况

（4）转子返厂后检查、测量情况。6 号机组转子返厂后，汽轮机厂商对 6 号汽轮机低压转子叶根轮槽磨损进行测量，具体检查及测量情况如下：

1）6 号汽轮机低压转子发电机侧编号 38 ～ 63（共 26 根）末级叶片叶根轮槽磨损明显，其中磨损量最大的 51 号轮槽工作面最大间隙 0.6mm，非工作面最大间隙 1.1mm（测量时叶根呈顶紧状态）。且断裂叶片附近叶片的轴向定位锁紧片已经完全磨损，失去轴向定位功能，具体磨损情况如图 2-18 所示。

2）6 号汽轮机低压转子汽轮机侧编号 37 ～ 45（共 9 根）末级叶片叶根轮槽磨损明显，其中磨损量最大的 41 号轮槽工作面最大间隙 0.5mm，非工作面最大间隙 0.7mm（测量时叶根呈顶紧状态）。

3）考虑到 6 号汽轮机低压转子末级叶片断裂情况，对 5 号汽轮机低压转子末级叶片进行揭缸检查并将转子返厂测量发现：发电机端低压末级叶片 C1-11 叶根向进汽侧的轴向位移为 4mm，该片叶片轴向锁紧片已基本磨损失效。C1-12 叶根向进汽侧的轴向位移为 1.2mm，C1-13 叶根向进汽侧的轴向位移为 1.84mm。这些叶片的围带结合面和叶片拉筋有明显的碰磨损伤，具体情况如图 2-19、图 2-20 所示。

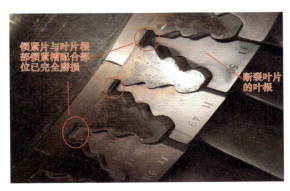

图 2-18　6 号机组发电机侧末级叶片轴向定位　　　图 2-19　5 号机组发电机侧末级叶片轴
　　　　　锁紧片磨损情况　　　　　　　　　　　　　　　向移位情况

图 2-20　叶片围带结合面和叶片拉金有明显碰磨损伤

4．原因分析

6 号机组低压末级叶片为枞树形松装叶根，其叶根的设计安装示意图如图 2-21、图 2-22 所示。

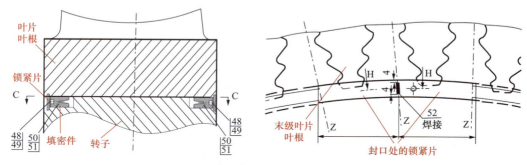

图 2-21　机组末级叶片叶根处安装结构示意图（一）　图 2-22　机组末级叶片叶根处安装结构示意图（二）

枞树形松装叶根的设计采用比较成熟的技术，以往其他厂商生产的不同容量机组也发生过低压转子末级及次末级叶片轴向产生窜动移位的情况，其现象是整圈基本都产生窜动移位，其原因是叶片定位销材质不合格。对比该公司 5、6 号机组的情况，部分叶片发生轴向窜动移位，且移动方向均为向进汽侧移动的情况比较罕见。具体分析叶根部位出现磨损进而发生轴向窜动移位，在机组启动并网期间产生动静碰磨、叶片断裂的原因如下：

（1）安装控制因素。枞树形松装叶根的设计安装采用的是比较成熟的技术，已在不同容量等级的机组上应用。该公司两台机组低压末级叶片均出现不同程度的向进汽侧的轴向窜动移位的情况，同时生产厂商对两台机组末级叶片的安装参数如填密件的尺寸、枞树型叶根工作面和非工作面的安装控制间隙等均无记录（设计工作面安装间隙 0.3mm以内，非工作面 0.5mm 以内）。此外还发现在部分叶根非工作面内残留了大量的安装过程中遗留的填隙片，部分填隙片已经呈突出状，部分叶根无填隙片可能是因为在运行及盘车过程中已经脱落或在安装过程中已经取掉（按生产厂商的装配要求，填隙片在安装完毕后应该取掉），致使不同叶片安装的松紧度存在差异，在机组盘车过程中更容易使得安装松动的叶片产生叶根部位以及锁紧片的磨损，具体如图 2-23所示。

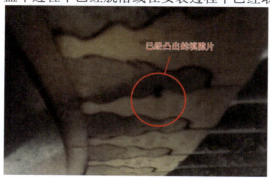

图 2-23　叶根非工作面残留填隙片凸出情况

（2）机组设计及运行特性。同型号机组该生产厂商总计生产四台（另外两台在江苏某电厂，事故后了解未发生叶片轴向窜动移位情况），该型号机组设计盘车转速很高（50r/min），过高的盘车转速必定会使松装叶根底部产生频繁的位移摩擦，进而造成填密件、锁紧片以及叶根部位的磨损，叶片松装间隙逐渐增大，叶片松动情况逐步扩大。2017 年机组检查性大修期间检查发现低压末级叶片沿旋转方向摆动幅度最大为 20mm 左右（当时该公司就此问题咨询了生产厂商，其回复属于松装叶片的正常情况，但根据分析情况可知此时叶根部位已经发生比较严重的磨损），此次事故后揭缸检查发现低压末级叶片沿旋转方向摆动幅度超过 80mm，说明叶片松动情况随着时间推移逐渐加剧，且磨损速度逐渐提高。同时该机组属于深度调峰的燃气轮机配套汽轮机组，机组启停频繁，且机组长时间处于盘车状态，自投产以来 6 号机启停次数已超过 400 次，累计盘车时间超过了 10000h（江苏某电厂两台同型号机组启停次数 70 ～ 80 次，其盘车时间也远小于该公司两台机组）。过高的盘车转速以及长时间的盘车状态是造成叶片填密件、锁紧片以及叶根部位磨损、叶片松动的重要原因。

（3）盘车期间叶顶围带受力情况。末级叶片的叶顶在叶根部出现磨损松动的情况后，虽然盘车转速相对较高（50r/min），但是该离心力不足以使松动叶片依靠离心力锁紧，且在高速的盘车工况下进行相互撞击，这一点从 5、6 号机组投产以来，机组在盘车时能监听到低压缸内会产生一定程度的声响得以验证。松动叶片在盘车工况下产生相互撞击，一方面使得叶顶围带及拉筋因撞击损坏，另一方面撞击时会产生如图 2-24 所示的受力状况，且该型叶根的叶根槽也并非平直，而是向进汽侧存在一定的倾斜角度，这是 5、6 号机组均出现叶根向进汽侧轴向窜动移位的原因。此外，机组启动及低负荷工况下末级叶片的鼓风也会使得叶片受到一定的向进汽侧的轴向载荷，容易使松动叶片产生向进汽侧轴向窜动移位情况。

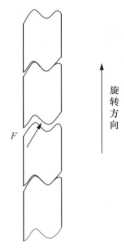

图 2-24　末级叶片松动后盘车状态下叶顶处撞击受力示意图

（4）结论。从断裂叶片的断口、生产厂商对断裂叶片的金属分析结果以及机组运行状态判断，叶片因发生金属疲劳和机械损伤，材料强度下降，最终因转子动静碰磨导致叶片断裂。由于转子长期高速盘车造成叶片长期振动、叶根磨损，松动叶片的叶顶围带和拉筋在高速盘车工况下撞击造成损伤，且松动叶片由于锁紧片磨损失效后产生轴向窜动移位，断裂叶片在机组带负荷的实际运行工况下已属于非整圈连接方式，处于自由叶片状态，其振动频率及振型均偏离设计工况，长期特定工况的运行造成叶片在其受力集中部位产生疲劳损伤，加之由于叶根窜动移位造成的动静碰磨瞬间的巨大惯性，最终造成叶片断裂。

5. 暴露问题

（1）制造厂对汽轮机叶片安装工艺质量管控不严，叶根安装位置存在间隙，导致机组运行时叶根发生运动，加速磨损，恶化后发生轴向窜动移位。

（2）机组调峰运行，启停频繁，降低设备可靠性。

6. 处理及防范措施

（1）6号机组由于发电机侧低压末级动叶进汽边整圈损坏严重，且生产厂商叶片存量不足，新叶片生产周期约3个月。经生产厂商对叶片频率及强度计算后，决定采取相对安全的临时处理方案：将低压转子返厂，临时切除受损的6号汽轮机发电机端整圈末级叶片，并进行高速动平衡；受损静叶进行着色探伤检查，对损坏严重的叶片进行更换，其他进行现场修复。待迎峰度夏过后，低压末级叶片备件准备齐全，再择机开缸更换整圈末级叶片。叶片切削装配后如图2-25所示，末级叶片保留长度约100mm。

图2-25 6号机组发电机侧低压末级叶片切割后装配

（2）由于6号汽轮机低压转子发电机端磨损的叶根轮槽较多，在后续永久处理方案中整圈叶根轮槽将按新的型线加工（加工后可以覆盖磨损量），整圈更换叶片的叶根按新的叶根轮槽型线照配，并保证间隙和强度。

（3）6号机组于5月31日重新启动，汽轮机排汽温度、振动、真空、轴瓦温度等参数均正常。过临界、3000r/min和满负荷后振动情况良好，轴振最大值2X在稳定后为80μm左右。在当时燃气轮机负荷下，汽轮机最大负荷127MW，整个联合循环气耗增加约1%。

（4）5号汽轮机低压转子发电机侧编号10～15（共6根）末级叶片叶根轮槽磨损明显，其中11号叶片磨损最严重，汽轮机侧末级叶片叶根轮槽未发现磨损现象。5号机组低压转子返厂，低压末级发电机侧和汽轮机侧叶片均拆卸重新进行装配，重新校核安装强度及安装间隙，装配期间对安装间隙及填密件尺寸进行测量、记录，并作为原始记录归档。

（5）由于机组高速盘车造成末级松装叶根磨损、拉筋碰磨，将盘车转速由原来设计值5r/min降低至4r/min运行，以减少盘车工况造成的磨损。目前6号机组盘车转速已经调整，顶轴油压正常，未受盘车转速调整的影响（盘车为油涡轮型）。

（6）鉴于6号机组汽轮机发电机侧低压末级叶片割除后特殊的运行状态，建议在机组启动和运行期间加强机组振动、缸温、胀差、轴位移、推力瓦温等参数和低压缸排汽温度、真空等运行参数的监视，尤其应加强在机组摩擦检查、暖机、运行阶段现场听音诊断工作，同时对振动等TSI参数进行相同工况下的参数比对，如有异常应及时分析原因，并进行相关调整，必要时进行机组最高负荷的限制，以保障机组安全稳定运行。

（7）建议对5、6号机组汽轮机低压转子末级叶片叶根处松动情况进行定期检查，并注意机组盘车状态下低压缸内异音的监测，确保机组低压末级叶片无轴向窜动移位情况。

三、水蚀等引起汽轮机叶片断裂

1. 设备概况

某公司一期工程为 2×60MW 级燃气–蒸汽联合循环热电冷三联供机组，整套机组采用分轴联合循环方式，一套联合循环发电机组由一台燃气轮机、一台蒸汽轮机、两台发电机和一台余热锅炉及相关设备组成。配套汽轮机为 LCZ10-4.9/1.3/0.6 型高压、单缸、补汽、单抽冲动凝汽式机组，机组主要承担供热供冷负荷，并具有一定的调峰能力（40%～100% 范围），机组满足锅炉最低稳定负荷 30%BMCR（锅炉最大连续蒸发量）条件，长期安全稳定运行的要求。汽轮机转子由一级复速级和十级压力级组成，叶片均为根据三元流原理设计的新型全三维叶片，通流部分也做了相应优化，减少了叶顶、叶根及隔板汽封漏汽损失，使得整机效率提高。蒸汽经主汽门后分两路分别进入汽轮机蒸汽室两侧，蒸汽在汽轮机复速级到第 5 级做功后，与补汽混合（锅炉低压蒸汽来），经第 6～11 级做功后排入凝汽器凝结成水，经凝结水泵打入系统，并借助给水泵升压后进入锅炉。汽轮机具有一级调整抽汽，无回热抽汽，调整抽汽主要供工业用汽。在抽汽管道上装有液压止回阀，以避免蒸汽倒流影响汽轮机运行安全。汽轮机主要技术参数见表 2-3。

1 号联合循环发电机组于 2015 年投入运行，配套汽轮机于 2019 年进行过大修，从上次大修至本次停机，机组运行时间约为 3.3 万 h。

表 2-3　　　　　　　　　　1 号机组汽轮机技术参数表

序号	名称	单位	数值
1	主汽门前蒸汽压力	MPa	4.9
2	主汽门前蒸汽温度	℃	430
3	汽轮机额定功率	MW	10
4	汽轮机额定进汽量	t/h	43.5

续表

序号	名称	单位	数值
5	汽轮机额定抽汽压力	MPa	1.3
6	汽轮机额定抽汽温度	℃	312.68
7	汽轮机额定抽汽量	t/h	26.85
8	汽轮机额定补汽压力	MPa	0.6
9	汽轮机额定补汽温度	℃	251
10	汽轮机额定补汽量	t/h	14.8
11	额定工况排汽压力	kPa	4.9
12	汽轮机转向（从机头向机尾看）		顺时针方向
13	汽轮机额定转速	r/min	3000
14	汽轮机单个转子临界转速	r/min	1 号机：1643；2 号机：1710（1450～1750）实测
15	发电机单个转子临界转速	r/min	1 号机：2064；2 号机：2166（1900～2200）实测
16	汽轮机轴承处允许最大振动	mm	0.03
17	临界转速时轴承允许最大振动	mm	0.10
18	锅炉给水温度	℃	120
19	设计冷却水温度	℃	22
20	汽轮机本体总质量	t	58
21	汽轮机转子总质量	t	7.4
22	汽轮机本体最大尺寸（长×宽×高）	mm	7436×3580×2580

2. 事件经过

2023 年 10 月 4 日，该公司 1 号机组汽轮机大修揭缸时，发现转子第 9 级（共 11 级）有 3 片叶片断裂，3 片断裂叶片分布于三个区域，3 处断口特征类似，断裂位置均位于距离叶根约 10mm 位置。第 9 级断裂叶片相邻叶片叶身、围带均存在不同程度的磨损及机械损伤。第 9 级隔板叶顶汽封磨损，静叶多处存在变形、损伤。现场在第 9 级动叶、静叶之间找到一段金属块，长度约 105mm，重约 110g。

3. 检查情况

（1）现场检查情况。

1）现场检查发现第 9 级动叶共 3 片叶片发生断裂，三片断裂叶片分布于三个区域，位置如图 2-26 所示。三处断口特征类似，断裂位置均位于距离叶根约 10mm 位置，叶片断口现场实物如图 2-27 所示。

2）现场对已拆卸的第 9 级叶片进行外观检查，发现叶片普遍存在较为严重蚀坑，且出汽侧相对更严重，表面情况如图 2-28 所示。另外，现场检查还发现第 10、11 级叶片同样存在不同程度的蚀坑，且第 10 级叶片进汽侧存在金属撞击造成的机械损伤，如图 2-29、图 2-30 所示。

图 2-26 转子叶片断裂整体情况

图 2-27 叶片断口现场实物

图 2-28 第 9 级动叶表面情况

图 2-29　第 10 级动叶现场实物

图 2-30　第 11 级动叶现场实物

3）第 9 级断裂叶片相邻叶片叶身、围带均存在不同程度的磨损及机械损伤，损伤情况如图 2-31 所示。第 9 级隔板叶顶汽封磨损，静叶多处存在变形、损伤，损伤情况如图 2-32 所示。

图 2-31　叶片损伤情况

图 2-32　第 9 级隔板叶片及叶顶汽封宏观照片

4）现场在第 9 级动叶、静叶之间找到一段金属块，长度约 105mm，重约 110g，如图 2-33 所示。

图 2-33　第 9 级隔板汽封处发现的金属块

5）检查凝汽器及凝结水滤网，并未发现明显金属残留物存在。

（2）运行数据检查情况。2023 年 9 月 30 日 12:40，该公司 1 号机组燃气轮机负荷 41.9MW，汽轮机负荷 8.6MW，12:40:04 开始机组 1、2、3、4 号轴承突然发生振动波动，波动连续发生 2 次，波动峰值在 60μm（1 号轴承瓦振 2 测点），每次持续时间在 3s 左右，波动过后，各轴承振动恢复稳定，但比波动之前振动值增大，具体如图 2-34 所示，波动前后振动数据见表 2-4。

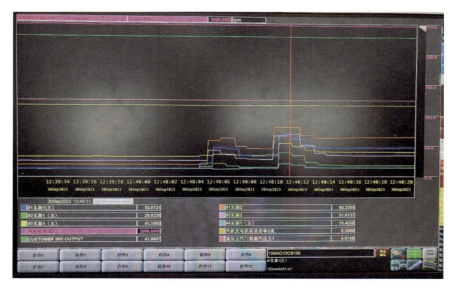

图 2-34   9 月 30 日机组振动波动趋势

表 2-4   9 月 30 日波动前后 1、2 号轴承瓦振值

时间	1 号瓦振 1（μm）	1 号瓦振 2（μm）	2 号瓦振 1（μm）	2 号瓦振 2（μm）	3 号瓦振（μm）	4 号瓦振（μm）
12:40:04	11	16	11	20	25	11
12:40:06	34	47	14	28	27	10
12:40:10	25	35	12	22	27	11
12:40:11	51	60	30	52	41	16
12:40:15	35	48	15	26	31	12

1）2023 年 10 月 1 日 03:17，机组停机，惰走过临界转速（1641r/min）时，各瓦振动明显偏大，约为以往停机过临界振动值的 2 倍，具体如图 2-35 所示，振动数据见表 2-5。惰走时间比以往略微缩短，10 月 1 日停机惰走时间为 40min，9 月 22 日惰走时间为 44min。

2）对机组半年内运行参数进行检查。主蒸汽、供热抽汽、真空、润滑油、轴向位移、汽缸膨胀、瓦振等相关参数均无异常。

3）电厂提供的化学报表各参数未见异常。

4）转子返厂后，对叶片进行着色探伤，未发现异常；对末两级叶片进行磁粉探伤，未发现异常。

表 2-5   停机过临界振动值

时间	转速（r/min）	1 号瓦振 1（μm）	1 号瓦振 2（μm）	2 号瓦振 1（μm）	2 号瓦振 2（μm）
2023-10-01	1641	163	166	105	170
2023-09-22	1636	88	87	56	93
2023-07-14	1661	87	89	57	94

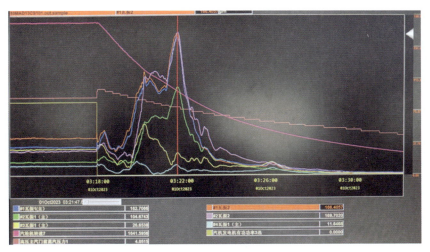

图 2-35　10 月 1 日机组停机振动趋势

4. 原因分析

（1）经实验室综合分析，叶片断裂形式为低应力高周疲劳断裂，裂纹起始于叶片出汽侧边缘蚀坑处。于第 9 级未开裂叶片出汽侧边缘约 2mm 处取截面进行金相观察，大部分样品未见明显异常，但部分样品叶片边缘及叶片中部发现裂纹缺陷，可以佐证疲劳裂纹起始于叶片出汽侧边缘蚀坑处。检查发现，第 9 ～ 11 级叶片均存在较为严重的蚀坑，叶片表面呈麻坑状，深度达 50 ～ 400μm，叶片表面粗糙度提高，加重了局部的应力集中，降低材料的疲劳极限。

（2）汽轮机叶片在高速旋转时，叶片的叶根区域承受着较大的离心力和惯性力，且末几级叶片工作环境更为恶劣，蒸汽含湿度较大，在循环载荷作用下于叶片表面蚀坑较为严重位置可能会萌生疲劳裂纹。疲劳源区的裂纹扩展速率相对缓慢，初期疲劳条带较细，断口表面较平坦，随着裂纹逐渐扩展，剩下承受载荷的材料面积减小，致使应力增加，疲劳条带的宽度和间距增大，最终因承载力不足叶片发生断裂。

（3）三处断裂叶片分别位于不同位置，叶片断口处均未见明显机械损伤痕迹，且叶片疲劳裂纹的产生是一个相对缓慢的过程，断口表面已发生明显氧化，因此三处叶片前期疲劳裂纹的产生是相互独立发展的。结合汽轮机振动情况判断，9 月 30 日发生的振动波动，为三片叶片断裂所致，断裂叶片脱离原来位置，造成对周边叶片叶身、围带、汽封等区域的碰磨。现场在第 9 级动叶、静叶之间找到一段金属块，经检测其化学成分、金相组织与叶片材料一致，推测为叶片断裂后经不断挤压、碰磨后所剩残片。

（4）当汽轮机进行深度调峰或者抽汽供热时，通流末端蒸汽量减少，沿汽缸壁和叶轮的汽流发生分离，在末级叶片的根部出现汽流脱离，形成涡流区，汽流反向冲击叶片根部，同时由于蒸汽湿度大，回流的蒸汽携带着水滴撞击在高速旋转的末级动叶片出汽

93

边上，会造成动叶片出汽边水蚀。目前有以下两点疑问需从设计角度进一步确认：

1）通常水蚀发展趋势是从末级向前发展，即末级叶片水蚀情况最严重，所以设计阶段会通过改变叶型、钎焊合金、增加淬硬层等方式，提升汽轮机末级、次末级叶片抗水蚀能力。该公司1号转子末三级叶片均存在水蚀情况，但第9级叶片相对后两级叶片外形短小，强度相对较小，所以相对容易损伤。

2）1号机组按照运行规程正常运行，供热后汽缸内蒸汽量是否满足汽轮机末几级叶片容积流量需求。

5. 暴露问题

（1）对该型号长期运行机组叶片的可靠性分析不足。

（2）对汽轮机转子末级叶片水蚀危害性认识不足，现有运行措施对减小末几级叶片发生水蚀可能性的效果不大。

6. 处理及防范措施

（1）建议加强对末三级叶片和蚀坑严重区域的监督检查，可采取渗透探伤等手段对叶片表面进行无损探伤。

（2）建议针对1号机组主蒸汽流量（抽汽量）与厂家进行校核，分析是否需要调整抽汽运行方式。

（3）建议对叶片蚀坑严重区域可考虑进行表面处理防护，如钎焊司太立层、激光熔覆合金层、表面淬硬处理等，必要时更换更高等级的材料提高叶片的耐蚀性。

（4）建议加强对末三级叶片和蚀坑严重区域的宏观检查，做好记录；必要时采取无损探伤等手段对叶片容易产生应力集中的部位进行重点检查，及时发现裂纹等危害性缺陷。

（5）合理把握机组运行状态与检修周期的匹配性，在机组检修过程中严格落实监督细则要求，对叶顶、叶根等区域进行全方位检查与检验，加强对转子叶片、隔板上沉积物及叶片水蚀情况的检查工作，做好缺陷记录、缺陷消除与评估。

（6）继续做好水质监测与控制，保证汽水品质，减少腐蚀性沉积物产生，定期校准化学测试仪表。

（7）加强对机组运行参数监视，如发生异常波动，应及时查找原因，必要时打闸停机检查。

四、真空泵入口气动阀和止回阀故障

1. 设备概况

某公司建有两套E级燃气-蒸汽联合循环发电机组。燃气轮机型号均为PG9171E。

真空系统设有两台 100% 容量的水环式机械真空泵，型号为 2BE1253-0，启动时用来建立凝汽器真空，正常运行时连续不断地抽出真空系统中的不凝结气体，维持凝汽器真空。抽真空系统包括系统管道和下列主要部件：两台水环式真空泵组及工作密封水热交换器、工作密封水汽水分离器、排气消声器，电动机与真空泵采用直联方式。凝汽器抽真空系统示意图和真空泵工艺流程如图 2-36、图 2-37 所示。

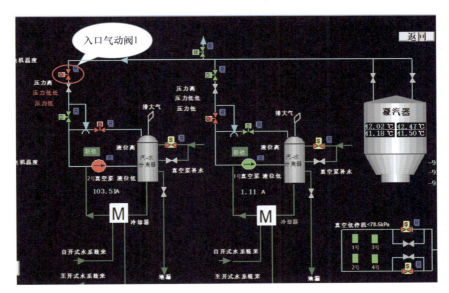

图 2-36　凝汽器抽真空系统示意图

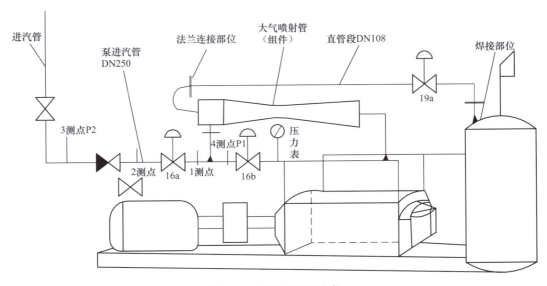

图 2-37　真空泵工艺流程

气动阀型号为 BRAY-150#/PN10/16/BS10E-6in，气动阀结构如图 2-38 所示，其开关原理为电磁阀得电，将压缩空气通入气缸，通过气缸机械结构驱动阀体开启；电磁阀失电，压缩空气推动活塞做功，驱动阀体关闭。

图 2-38　气动阀结构

2．事件经过

2020 年 5 月 28 日，3 号燃气轮机负荷 87MW，4 号汽轮机负荷 54MW，机组在 AGC 方式下运行，燃气轮机、汽轮机运行参数正常，4 号汽轮机 1 号真空泵运行，凝汽器真空值为 −93kPa。运行人员发现 4 号汽轮机凝结水溶氧大于 50μg/L，运行人员为查找原因进行真空泵倒泵操作。

具体事件经过如下：14:40:26，启动 2 号真空泵运行。14:43:05，1 号真空泵停止运行。14:50:34，发现 2 号真空泵轴头甩水较严重，决定重新倒至 1 号真空泵运行，启动 1 号真空泵。14:51:51，停 2 号真空泵。14:51:53，2 号真空泵气动阀 2 联锁开启。此时发现凝汽器真空持续降低，经运行人员排查，发现入口气动阀 1 未能正常关闭。14:53:26，2 号真空泵气动阀 2 通过远端操作强制关闭。14:53:27，凝汽器真空下降到 78.8kPa，凝汽器真空压力低开关动作，真空低跳机 ETS 保护动作，4 号汽轮机跳闸。14:54:26，"汽轮机跳闸且高压旁路未开延时 30s"大联锁跳闸保护动作，3 号燃气轮机跳闸。4 号汽轮机真空趋势曲线如图 2-39 所示。

3．检查情况

（1）现场逻辑检查情况。1、2 号真空泵入口气动阀 1 开允许条件："对应真空泵在合闸位置且对应真空泵内入口气动阀 1 后绝对压力低开关动作（PS1 小于 15kPa/ 压力开关）"。联锁开启条件："对应真空泵在合闸位置"且"对应真空泵内入口气动阀 1 后绝对压力低开关动作（PS1 小于 15kPa/ 压力开关）"。联锁关闭条件："对应真空泵在分闸位置"。

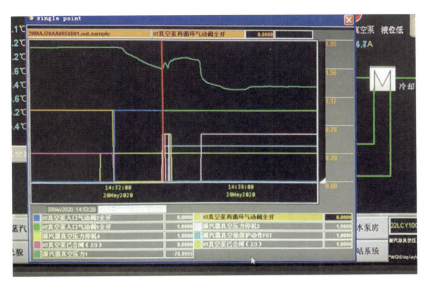

图 2-39 4 号汽轮机真空趋势曲线

1、2 号真空泵入口气动阀 2 联锁开启条件："真空泵内入口气动阀 1 后绝对压力低低开关不动作（PS2 大于 6kPa/ 压力开关）延时 3s"或"对应泵在分闸位置"。联锁关闭条件："真空泵内入口气动阀 1 后绝对压力低低开关动作（PS2 大于 6kPa/ 压力开关）延时 3s"且"对应泵在合闸位置"。

1、2 号真空泵再循环气动阀联锁开启条件："真空泵内入口气动阀 1 后绝对压力低低开关动作（PS2 大于 6kPa/ 压力开关）延时 3s"且"对应泵在合闸位置"。联锁关闭条件："真空泵内入口气动阀 1 后绝对压力低低开关不动作（PS2 大于 6kPa/ 压力开关）延时 3s"或"对应泵在分闸位置"。

（2）现场设备检查情况。

1）气动阀检查情况。检修人员到达现场后对 2 号真空泵入口气动阀 1 进行全面检查。发现气动执行器电磁阀动作正常，行程开关指示正确，电缆绝缘正常，远方信号指示正常，压缩空气压力稳定在 0.6MPa 左右，气路通畅且无泄漏。但气动阀执行器在通气状态下可以正常开启，在失气情况下无法正常关闭。

解体后发现气动阀气缸内活塞密封圈变形，导致气缸漏气，压力无法保持，阀门无法正常关闭。随后检修人员对该阀气缸进行了更换。故障气动阀内部损伤情况如图 2-40 所示。

4 号汽轮机 1、2 号真空泵在机组每次启动前均会进行功能试验，试验过程中对真空泵入口气动阀1、入口气动阀2、再循环阀均进行开关功能测试，历次测试无异常。

2）止回阀检查情况。真空泵止回阀的主要作用是防止泵备用或停运时空气泄漏到凝汽器中。针对此次机组非停真空下降速率较快的情况，检修人员同时对止回阀进行了解体检查，发现止回阀阀芯变形，止回阀阀芯变形情况如图2-41所示。随后检修人员对止回阀进行了更换。

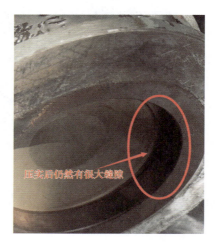

图 2-40　故障气动阀内部损伤情况　　　图 2-41　止回阀门阀芯变形情况

4号汽轮机2号真空泵入口止回阀在2016年4号汽轮机小修期间进行了功能性检查。该检查项目为质检 W 点，小修期间检查止回阀未见异常，未进行更换。

4. 原因分析

（1）汽轮机跳闸原因分析。

1）汽轮机跳闸原因：凝汽器真空压力低低，真空低低触发 ETS 保护动作。

2）凝汽器真空压力低低的主要原因：2号真空泵入口气动阀1未能正常关闭，且止回阀不严，致使凝汽器对空连通。

3）气动阀1未能正常关闭原因：气动阀气缸内活塞密封圈变形，导致气缸漏气，压力无法保持。

4）止回阀不严的原因：止回阀阀芯变形。

（2）燃气轮机跳闸原因。由于汽轮机高压旁路超驰关闭条件设定为当凝汽器真空值小于81kPa时自动关闭，因汽轮机真空低跳闸，高压旁路关闭，导致余热锅炉跳闸保护动作，通过大联锁，致使燃气轮机跳闸。

5. 暴露问题

（1）备用真空泵气动阀和机械式止回阀同时出现故障，反映出企业对设备状态检测、隐患排查、治理不到位，对各类执行器性能检查存在盲区。未按照 DL/T 1055《火力发电厂汽轮机技术监督导则》中的相关要求对重要辅机进行状态检测和分析，并未建立设备台账和技术档案。

（2）真空系统出现故障后，现场人员应急处理能力不足，未能及时强制关闭气动阀2，隔离漏气点。

（3）真空泵停运时，仅一个气动门隔离真空系统与外界，对设备可靠性估计不足，给机组运行留下隐患。

6. 处理及防范措施

（1）已对2号真空泵入口气动阀1气缸进行解体检查，将4号汽轮机2号真空泵入口气动阀1气缸整体进行更换，并更换2号真空泵入口止回阀阀芯。

（2）举一反三，对全厂所有气动阀、电动阀、液动阀进行试运、检查，排查执行器附件是否存在异常情况，发现一处整改一处，提升设备可靠性。

（3）对真空泵入口处增加一气动或电动门进行可行性研究，提升系统可靠性。

（4）机组长时间停备及检修时加强真空系统阀门检查，必要时更换。

（5）在运行规程中增加气动阀设备定期试运工作，在机组启动前、长期停运期间对主要设备附属气动阀进行试运，结合阀门联锁动作功能，充分试验设备能否正常工作。

（6）加强人员培训，做好事故预想，遇同类故障，可参考 DL/T 608《300MW ～ 600MW 级汽轮机运行导则》中的相关规定执行。

五、回油温度测点观察油杯破裂漏油

1. 设备概况

某公司建有 2 套 60MW 级燃气－蒸汽联合循环热电联产机组，于 2015 年正式投入商业运行。燃气轮机型号为 LM6000PF 型，蒸汽轮机型号为 LCZ10-4.9/1.3/0.6 型，为高压、单缸、补汽、单抽冲动凝汽式机组。

2. 事件经过

2019 年 4 月 8 日 1:50，运行人员现场巡检发现 2 号机组前箱推力轴承回油温度测点处漏油，立即汇报部门和设备管理人员，并联系维修人员处理漏点，同时运行人员拿油布进行擦拭，防止润滑油四处扩散。3:10，检修人员检查后发现是测点处观察油杯（观察孔）破裂（有机玻璃材质），需停机处理。3:35，运行人员汇报市调并申请机组解列，对燃气轮机发电机打闸停机，联跳汽轮机发电机。4:10，油杯更换结束。4:25，燃气轮机点火启动。

3. 检查情况

（1）检查 SOE 记录，SOE 记录如图 2-42 所示。3:32:50，TURB-GEN SUMMARY SHUTDOWN 信号发出。3:32:52，汽轮机跳闸信号发出。3:32:52.581，ETS 停机信号发出。

图 2-42　SOE 记录

（2）就地检查漏点部位。推力轴承回油温度测点观察油杯（观察孔）泄漏位置如图 2-43 所示，从油杯（观察孔）的破损情况看，图 2-43 中圈注部分是破损裂纹严重区域，下方为贯穿性延展裂纹。

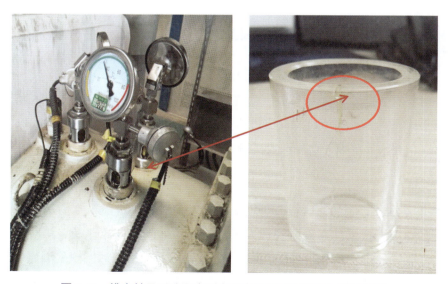

图 2-43　推力轴承回油温度测点观察油杯（观察孔）泄漏位置

（3）查阅机组检修台账。3 月初，汽轮机启机前油系统投入运行时发现有微渗油现象，于 3 月 2 日开工作票，对各油杯（观察孔）进行检查，并对上下橡胶密封垫进行更换。3 月 12 日机组启动后，该处油杯（观察孔）至 4 月 8 日期间未再出现漏油，4 月 8 日油杯（观察孔）突然破裂。现场未见该油杯（观察孔）的检查维护台账。

4. 原因分析

（1）2 号机组异常停运原因：运行人员从 DCS 画面上手动停止燃气轮机，燃气轮机跳闸延时 3s 后，汽轮机跳闸（逻辑）。

（2）运行人员手动停机原因：汽轮机侧机头前箱推力轴承回油温度测点处漏油，无法在线处理。

（3）推力轴承回油温度测点处漏油原因：该位置油杯（观察孔）破裂。

（4）油杯（观察孔）破裂原因分析：油杯（观察孔）材质为有机玻璃材质，从破损裂纹情况看，局部受到外力作用产生裂纹，裂纹贯穿整个表面；外力作用可能来自检修时更换密封垫片后，复装拧紧力矩过大，形成应力集中，油杯（观察孔）受机组运行油温的影响，在应力作用下缺陷扩展，最终开裂失效，焊缝断裂面如图 2-44 所示。

图 2-44　焊缝断裂面

5. 暴露问题

（1）对一些易损部件的精细化检修和维护不到位，复装工艺水平不高。

（2）对产生的隐患认识不足，之前发生过油杯（观察孔）破损事件，未能引起重视，未及时利用机组调停机会进行排查或寻找替代品。

6. 处理及防范措施

（1）举一反三，对润滑油系统中存在的有机玻璃部件进行全面检查，发现异常及时处理，如有必要，寻求替换材料。

（2）加强检修过程监督，提高检修和维护工艺水平，建立完善的检修台账管理。

（3）高度重视设备常发故障，总结规律，深入分析原因，制订针对性处理及防范措施，彻底消除隐患。

六、汽轮机转子轴颈磨损

1. 设备概况

某公司燃气轮机型号为 GE-9HA.01 型。燃气轮机转子采用单轴设计，双轴承支撑，通过中间联轴器在压气机端（冷端）与发电机相连。13 号汽轮机为三压、侧向排气、抽汽凝汽式汽轮机组。汽轮机型号为 LCCB2-16.59/3.90/0.755/0.275/0.168 型。汽轮机由一个单流高压缸，一个单流中压缸和一个双分流低压缸组成，各汽缸串联布置。

2. 事件经过

2023 年 5 月 7 日 13 号机大修解体时发现 2 瓦后挡油环处转子轴颈发生较大磨损，最深处达 18mm，轴颈磨损情况如图 2-45 所示。

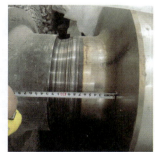

图 2-45　轴颈磨损情况

3. 检查情况

（1）运行参数检查。2023 年 1—4 月机组运行期间油温、油压、油质、轴承金属温度、胀差等无明显异常。

1 月 3 日，2 瓦振动无明显波动，2Y 振动最大至 43μm。3 月 22—31 日，1、2 瓦振动出现多次波动，2Y 振动最大至 208μm。4 月 23 日，2 瓦振动仅轻微波动，2Y 振动最大至 50μm。除 3 月 22—31 日外，1—4 月振动无较大波动。

（2）现场情况检查。对磨损处进行检查发现，磨损位置主要集中在油挡及其外侧，且见大量附着物在磨损位置处，轴颈磨损位置如图 2-46 所示。

图 2-46　轴颈磨损位置

对机组解体检查发现，挡油环处存在大量碳状堆积物，挡油环堆积物如图 2-47 所示。

对挡油环清理后发现，挡油环无明显磨损，清理后挡油环如图 2-48 所示。

图 2-47　挡油环堆积物　　　　　　　图 2-48　清理后挡油环

（3）灭火器使用情况检查。2023 年在机组运行期间，2 瓦多次出现冒烟情况，共计 12 次，其中 4 次冒烟情况较重，对冒烟处喷洒干粉灭火剂（主要成分为磷酸氢二铵含量 50%，硫酸铵含量 25%）。

（4）堆积物主要组分检验。5月25日将此物质送检，6月1日出具分析报告，确定此物质主要组分为铁垢和磷垢，另有少量硅垢、铬垢和镁垢。

（5）堆积物验证。为验证挡油环上附着物质为润滑油经过高温后发生碳化的固化物，掺杂干粉灭火器内物质造成硬度增加，5月31日进行相关试验，对润滑油和干粉加热，温度约250℃，随后形成黑色物体，该物体冷却后逐步硬化。

4. 原因分析

（1）1—4月机组运行期间油温、油压、油质、轴承金属温度、胀差等均无明显异常，排除运行参数引起的轴颈磨损。除3月22—31日外，1—4月振动无较大波动，在振动发生较大波动时，轴颈发生严重磨损。

（2）油挡清理后无明显磨损，且轴颈磨损最严重处在油挡外侧，说明轴颈初始磨损由外物所致。

（3）通过堆积物成分检验发现，主要成分为铁垢和磷垢，因转子为进口产品，无法获得具体组成成分，推测堆积物为轴颈材料与干粉、润滑油等混合物。

（4）中压缸进汽侧汽缸与2号轴承箱距离较近，此处温度较高；2瓦油挡与推力瓦距离较近，此处润滑油量大，易产生漏油；泄漏的润滑油经长期累积到汽缸保温处，在高温环境下造成运行中冒烟；处理冒烟或明火时采用干粉灭火器，部分干粉与润滑油等混合经高温作用，形成固化物；固化物使挡油环间隙减小，从而产生动静碰磨，轴颈产生磨损；同时高温使轴颈熔化形成新的堆积物，进一步加剧轴颈磨损，以此循环导致轴颈大面积磨损。

5. 暴露问题

（1）设备设计不完善。

1）挡油环与轴颈间隙较小，回油槽宽度不足，造成2号轴承容易漏油。

2）中压缸进汽侧汽缸与2号轴承箱距离较近，导致附近温度过高，泄漏的润滑油经长期累积到汽缸保温处，容易失火。

（2）技术人员分析能力不足。2号轴承附近漏油，发生冒烟、失火情况后未进一步分析、排查异常原因，未能及时发现油挡处堆积物；对机组轴系振动监测不到位，未对振动波动进行原因分析。

（3）事故处理不当。干粉灭火器直接喷洒在轴颈油挡动静间隙处，未进行清理，促使形成固化物。

6. 处理及防范措施

（1）5月12日经初步评估后，确定处理方案为将磨损处轴颈车削加工，去除磨痕；

5月15日转子车削工具到达现场，并开始调试；5月16—18日在现场进行加工处理，随着加工过程对修理部位进行表面硬度检查。根据加工后的转子轴径重新配置挡油环，轴颈加工示意图如图2-49所示。

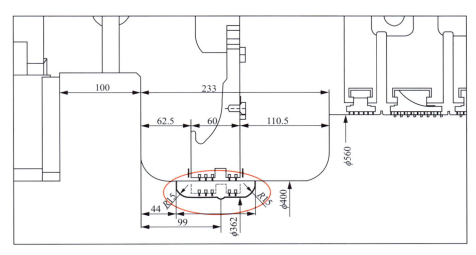

图 2-49　轴颈加工示意图

（2）相关设备进行改进。

1）根据加工后的转子轴径重新配置挡油环，适当减少油挡环与轴径配合间隙；加大油挡与轴颈配合处回油槽宽度及回油口直径，保障回油畅通。同时联系厂家对2瓦油挡进行改型，杜绝漏油事件发生。

2）在中压缸进汽侧汽缸与2号轴承箱间加装隔热板，降低汽缸向轴承箱传热，减少温度过高的影响。同时在恢复中压缸保温过程中，压实中压缸进汽侧汽缸保温，减小保温厚度，在汽缸轴封与2瓦轴承箱之间留足充裕的间隙，保证散汽通风。

（3）加大巡检力度，机组运行时，密切关注有无漏油冒烟情况；机组停备时，检查油挡处有无漏油及堆积的固化物，并加强此处卫生清洁。

（4）若必须使用灭火器对漏油处灭火，应避免对轴颈喷洒，同时对类似明火冒烟情况，喷洒其他类型灭火剂。

（5）联系厂家提供中压2瓦轴颈磨损处转子尺寸修复方案，做好相关事故预想和防范措施。

（6）对于GE-9HA.01燃气–蒸汽联合循环发电机组、LCCB2-16.59/3.90/0.755/0.275/0.168型汽轮机，建议运行时加大巡检力度，避免2号轴承箱处润滑油泄漏堆积现象，重点监测中压缸处保温情况；检修时注意油挡间隙的调整，轴封及保温的安装，确保保温效果。

第三章

热 工 控 制 系 统

第一节　防止热工控制系统损坏事故重点要求

为防止燃气轮机分散控制系统控制、保护失灵事故，避免因此造成人身伤害或重大经济损失，提升燃气轮机的安全性和可靠性，依据《防止电力生产事故的二十五项重点要求（2023 版）》（国能发安全〔2023〕22 号）、燃气轮机制造厂相关规范等文件，总结分析近年来燃气轮机分散控制系统控制、保护失灵事故经验教训，结合燃气轮机运行、维护等实际情况，提出以下重点要求。

1. 分散控制系统（DCS）配置要求

（1）分散控制系统配置应能满足机组任何工况下的监控要求（包括紧急故障处理），控制站及人机接口站的中央处理器（CPU）负荷率、系统网络负荷率、分散控制系统与其他相关系统的通信负荷率、控制处理器扫描周期、系统响应时间、事故顺序记录（SOE）分辨率、抗干扰性能、控制电源质量、定位系统（北斗 /GPS）时钟等指标应满足相关标准的要求，控制系统升级或改造后应开展全功能性能测试，机组大修后应开展必要功能性能测试。

（2）分散控制系统的控制器、系统电源、为信号输入 / 输出（I/O）模件供电的直流电源、通信网络（含现场总线形式）等均应采用完全独立的冗余配置，且具备无扰切换功能。冗余的通信网络应具有互通功能。

（3）分散控制系统控制器应严格遵循机组重要功能分开的独立性配置原则，各控制功能应遵循任一组控制器或其他部件故障对机组影响最小的原则。

（4）重要参数测点、参与机组或设备保护的测点应冗余配置，冗余 I/O 测点应分配在不同模件上，任一测点采集故障不应影响其他冗余测点采集。

（5）分散控制系统电源应设计有可靠的后备手段，电源的切换时间应保证控制器、服务器不被初始化；对于操作员站，如是无双路电源切换装置，则必须将两路供电电源分别连接于不同的操作员站；系统电源故障应设置最高级别的报警；严禁非分散控制系统用电设备接到分散控制系统的电源装置上；公用分散控制系统电源，应分别取自不同机组的不间断电源系统，且具备无扰切换功能。分散控制系统电源的各级电源开关容量和熔断器熔丝应匹配，防止故障越级。

（6）分散控制系统接地必须严格遵守相关技术要求，接地电阻满足标准要求，并保证分散控制系统一点接地；所有进入分散控制系统的控制信号电缆必须采用质量合格的屏蔽电缆，且可靠单端接地；分散控制系统与电气系统共用一个接地网时，分散控制系统接地线与电气接地网只允许有一个连接点。不同类型的控制系统应严格按照接地要求接地，不应混用接地汇流排。

（7）机组应配备必要的、可靠的、独立于分散控制系统的硬手动操作设备（如紧急停燃气轮机、汽轮机按钮，按钮应有防护措施），以确保安全停机。

（8）分散控制系统与管理信息大区之间必须设置经国家指定部门检测认证的电力专用横向单向安全隔离装置。分散控制系统与其他生产大区之间应当采用具有访问控制功能的设备、防火墙或者相当功能的设施，实现逻辑隔离。分散控制系统与广域网的纵向交接处应当设置经过国家指定部门检测认证的电力专用纵向加密认证装置或者加密认证网关及相应设施。分散控制系统禁止采用安全风险高的通用网络服务功能。分散控制系统的重要业务系统应当采用认证加密机制。

（9）分散控制系统电子间环境满足相关标准要求，不应有380V及以上动力电缆及产生较大电磁干扰的设备。分散控制系统电子间存在产生电磁干扰设备且不具备改造条件的应进行安全评估，确保DCS运行稳定。机组运行时，禁止在电子间使用无线通信工具。

（10）远程控制柜与主系统的两路通信电（光）缆要分层敷设。

（11）对于多台机组分散控制系统网络互联的情况，以及当公用分散控制系统的网络独立配置并与两台单元机组的分散控制系统进行通信时，应采取可靠隔离及闭锁措施、只能有一台机组有权限对公用分散控制系统进行操作。

（12）交、直流电源开关和接线端子应分开布置，交、直流电源开关和接线端子应有明显的标示。

2. 防止热工保护失灵事故

（1）除特殊要求的设备外（如紧急停机电磁阀等），其他所有设备都应采用脉冲信号控制，防止分散控制系统失电压导致停机时，引起该类设备误停运，造成重要主设备或辅机的损坏。

（2）涉及机组安全的重要设备应有独立于分散控制系统的硬接线操作回路。汽轮机润滑油压力低信号应直接送入润滑油泵电气启动回路，确保在没有分散控制系统控制的

107

情况下能够自动启动，保证汽轮机的安全。

（3）所有重要的主、辅机保护都应采用"三取二""四取二"等可靠的逻辑判断方式，保护信号应遵循从取样点到输入模件全程相对独立的原则，确因系统原因测点数量不够，应有防保护误动及拒动措施，保护信号供电也应采用分路独立供电回路。

（4）热工保护系统输出的指令应优先于其他任何类型指令。控制系统的控制器发出的燃气轮机、汽轮机、余热锅炉跳闸信号及相应的动作回路应冗余配置，且应设计机组硬接线跳闸回路。燃气轮机、汽轮机、余热锅炉主保护回路中不应设置供运行人员切（投）保护的任何操作手段。

（5）定期进行保护定值的核实检查和保护的动作试验。

（6）燃气轮机、汽轮机紧急跳闸系统和监视仪表应加强定期巡视检查，所配电源应取自可靠的两路独立电源，电压波动值不得大于 ±5%，且不应含有高次谐波。监视仪表的中央处理器及重要跳机保护信号和通道必须冗余配置，输出继电器必须可靠。

（7）汽轮机紧急跳闸系统应设计为失电动作，硬手操设备本身要有防止误操作、动作不可靠的措施。手动停机保护应具有独立于分散控制系统（或可编程逻辑控制器）装置的硬跳闸控制回路，配置有双通道四跳闸线圈汽轮机紧急跳闸系统的机组，应定期进行汽轮机紧急跳闸系统在线试验。

（8）重要控制回路的执行机构应具有三断保护（断气、断电、断信号）功能，特别重要的执行机构，还应设有可靠的机械闭锁措施。

（9）主机及主要辅机保护逻辑设计合理，符合工艺及控制要求，逻辑执行时序、相关保护的配合时间应配置合理，防止由于取样延迟等时间参数设置不当而导致的保护失灵。

（10）重要控制、保护信号的取样装置应根据所处位置和环境有防堵、防震、防漏、防冻、防雨、防抖动等措施。触发机组跳闸的保护信号的开关量仪表和变送器应单独设置。

（11）各项热工保护功能在机组运行中严禁退出。若发生热工保护装置（系统，包括一次检测设备）故障被迫退出运行时，应制定可靠的安全措施，并开具工作票，经批准后方可处理。当汽包水位和汽轮机超速、轴向位移、机组振动、低油压等重要保护装置故障被迫退出运行时，应在 8h 内恢复；其他保护装置被迫退出运行时，应在 24h 内恢复。

（12）检修机组启动前或机组停运 15 天以上，应对燃气轮机、汽轮机、余热锅炉主保护及其他重要热工保护装置进行静态模拟试验，检查跳闸逻辑、报警及保护定值。热工保护连锁试验中，应采用现场信号源处模拟试验或物理方法进行实际传动，但禁止在控制柜内通过开路或短路输入端子的方法进行试验。

3. 防止燃气轮机组重要阀门或仪表故障导致机组控制失灵事故

（1）燃气关断（ESD）阀电源回路应可靠。ESD 阀采用双电源切换开关供电的，其两路电源应独立，应能保证切换过程中，电磁阀不误动；应结合检修开展 ESD 阀双电源切换试验并进行录波；对达不到 ESD 阀供电要求的双电源切换装置应及时进行改造。ESD 阀采用不间断电源系统（UPS）自带蓄电池供电的，应定期开展自带蓄电池核对性放电试验。宜配置冗余的电磁阀控制 ESD 阀，避免单电磁阀误动作引发 ESD 阀动作。

（2）应制定防天然气系统阀门异常自动关闭、紧急情况无法关闭等应急处置措施；调压站控制系统中天然气紧急关断阀、天然气流量等重要信号应通过硬接线方式接线至机组控制系统；紧急关断阀、放散阀电源宜采取冗余方式供电。

（3）燃气关断阀、放散阀和燃气控制阀（包括燃气压力和燃气流量调节阀）应能关闭严密，动作过程迅速且无卡涩现象；信号电缆接线可靠，冗余控制的伺服阀和位移传感器线圈阻值应一致；自检或严密性试验不合格时燃气轮机组严禁启动；指令反馈偏差大应能发出报警；燃气控制阀应有阀位偏差大报警和保护。

（4）天然气系统压力变送器、温度元件、行程开关，在机组检修过程中应按规程要求进行校验，并且仪表测量系统各点校验综合误差应不大于该系统允许综合误差；涉及联锁、保护等重要模拟量仪表应根据机组设备实际情况冗余配置，逻辑设计应合理，信号故障具备报警功能。

（5）加强对燃气轮机保护相关燃气泄漏探测器的定期维护，每季度（或机组停机期间）进行校验，确保测量可靠，防止发生因测量偏差、拒报而发生火灾爆炸，确保测量准确。

（6）燃气轮机燃烧室火焰检测探头设备应具有自检功能，在故障时应能发出报警信号；按设备厂家技术要求对火检探头进行定期检查与检测；安装或检修时，进行火焰监视装置性能与功能试验，试验结果应符合规程要求；对于采用冷却水冷却的，应加强现场巡检保证冷却水回路畅通，冷却水系统压力或流量具备监视与报警功能；对于采用压缩空气冷却的，应定期检查冷却风管中是否有积油现象。

（7）燃气轮机发电机油系统油位计、油压表、油温表及相关信号装置，必须按要求装设齐全、指示正确，并定期进行校验；应具备油箱油位低保护停机功能，根据机组设备实际情况冗余配置，逻辑设计应合理，信号故障具备报警功能。

4. 防止人为误操作造成机组跳闸事故

（1）所有热工保护或联锁有关的测量元件、取样管路、变送器、信号电缆均应使用文字标识或醒目颜色明示与其他测点的区别，严防对其异常操作；机柜内电源端子排和重要保护端子排应有明显标识；机柜内应张贴重要保护端子接线简图以及电源开关用途和容量配置表；线路中转的各接线盒、接线柜应标明编号，接线盒或接线柜内应附有接线图，确保现行有效。

（2）可能影响机组安全运行的操作或事故按钮，其防人为误动措施应完善、可靠；按钮应定期试验并确认动作正常，确认触点无黏连或其他异常情况，报警提示应醒目。

第二节　热工控制系统故障典型案例

一、E 级燃气轮机危险气体探头故障

1. 设备概况

某公司建有两套 E 级燃气–蒸汽联合循环发电供热机组，分别于 2010 年和 2015 年投产，燃气轮机型号为 PG9171E。

机组配有就地式危险气体泄漏在线监测装置，共 9 支危险气体探头，在干式低氮氧化物燃烧室（DLN）气体燃料阀站、轮机间燃烧室下方及轮机间冷却风机风道入口各 3 支。危险气体探头连接信号转换系统，9 路显示卡均有 3 个信号指示灯，分别对应可燃气体泄漏低值报警、可燃气体泄漏高值报警、设备故障报警。机组原有危险气体检测系统为机组安装时配备，型号是 5701/5703，危险气体探头功能见表 3-1。

表 3-1　　　　　　　　　　　　　危险气体探头功能

序号	探头编号	功能
1	45HA-4	检测 DLN 气体燃料阀站的燃气浓度
2	45HA-5	检测 DLN 气体燃料阀站的燃气浓度
3	45HA-6	检测 DLN 气体燃料阀站的燃气浓度
4	45HT-1	检测轮机间的燃气浓度
5	45HT-2	检测轮机间的燃气浓度
6	45HT-3	检测轮机间的燃气浓度
7	45HT-4	检测通风管道（冷却风机风道入口）中的燃气浓度
8	45HT-5	检测通风管道（冷却风机风道入口）中的燃气浓度
9	45HT-6	检测通风管道（冷却风机风道入口）中的燃气浓度

2. 事件经过

2019 年 5 月 4 日 23:00:00，1 号机组负荷 160MW。23:06:00，1 号燃气轮机报"危险气体系统故障自动减负荷停机"报警，机组进入自动减负荷停机过程（约 8min）。

23:14:00，燃气轮机解列。经现场检查并对危险气体控制通道进行清零复位后，1 号燃气轮机重新启动，2019 年 5 月 5 日 01:00:00 恢复并网。

3. 检查情况

（1）检查燃气轮机操作员站：当轮机间冷却风机风道入口危险气体探头 45HT-5、45HT-6 发故障报警后，燃气轮机操作员站危险气体检测界面无故障状态显示，仅显示危险气体探头浓度高。

（2）检查燃气轮机历史数据记录：2019 年 5 月 4 日 18:59:00，轮机间冷却风机风道入口危险气体探头 45HT-5 发综合故障报警；2019 年 5 月 4 日 23:06:00，轮机间冷却风机风道入口危险气体探头 45HT-6 发综合故障报警。

（3）现场手动对危险气体控制通道进行清零复位后，45HT-5、45HT-6 综合故障报警消除，故障探头 45HT-5、45HT-6 如图 3-1 所示。

图 3-1　故障探头 45HT-5、45HT-6

（4）检查燃气轮机逻辑：当 45HT-4、45HT-5、45HT-6 三个危险气体探头中任意两个探头发故障报警［此次是 45HT-5（图 3-2 中 C）、45HT-6（图 3-2 中 E）］，则触发燃气轮机自动减负荷停机逻辑，危险气体系统故障停机逻辑如图 3-2 所示。

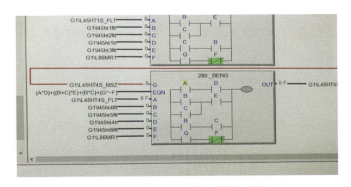

图 3-2　危险气体系统故障停机逻辑

（5）检查危险气体定期校验记录：检定时间为 2018 年 10 月 29 日，有效期为 1 年。

4．原因分析

（1）此次机组停机原因为危险气体报警导致燃气轮机保护动作。

（2）危险气体报警原因为 1 号燃气轮机的轮机间冷却风机风道入口危险气体探头 45HT-5、45HT-6 同时发综合故障报警，触发 1 号燃气轮机自动减负荷停机逻辑。

（3）两个危险气体信号发综合故障报警原因为 1 号燃气轮机的轮机间危险气体探头长期处于高温区域，机组运行过程中，燃气轮机间温度高达 100℃以上，而危险气体探头工作温度应为 −40～65℃，温度过高可能导致危险气体探头出现零漂等故障。此外，燃气轮机间的轴承润滑油在高温下产生油雾，也易导致危险气体探头中毒失效。

5．暴露问题

（1）轮机间危险气体探头由于长期处于高温区域，设备故障率较高，探头零漂、误报警等现象较为普遍，系统可靠性较低，严重时发送错误的危险气体浓度值，引起误跳闸停机。机组运行一段时间后危险气体探头会产生零漂，因此每年需要进行 1 或 2 次校准，原系统只能在冷态下进行校准，与实际运行的环境差异非常大，容易造成校准不能反映实际情况，最终导致检测数据与实际不符。

（2）燃气泄漏检测报警优先级高，出现异常必须迅速采取措施处理。由于机组运行时禁止进入轮机间，危险气体探头设备故障无法及时更换，只能等待停机后处理，如遇同一检测点多设备故障，会对机组安全运行产生极大影响。

（3）燃气轮机操作员站危险气体报警界面显示不全，测点故障无状态显示。燃气轮机操作员站主界面事件或报警信息栏较小，滚动显示 7 条事件或报警信息，18:59:00 报警信息很快被覆盖，不便于运行监盘人员发现。

6．处理及防范措施

（1）利用停机机会，更换危险气体探头 45HT-4、45HT-5、45HT-6。

（2）在 DCS 界面增加燃气轮机危险气体探头故障报警信息显示，便于运行人员及时检查发现问题。

（3）加强日常设备巡检及对相关报警信号的检查确认，将燃气轮机危险气体装置本体巡检录入巡检记录仪中。

（4）对燃气轮机危险气体报警装置常规检查及操作方法进行培训。

（5）调研同类型燃气轮机电厂危险气体使用及改造情况，择机实施改造，彻底解决危险气体检测系统故障频发隐患。据了解，某公司配有两套 E 级燃气–蒸汽联合循环发电机组，燃气轮机型号为 PG9171E，借鉴在燃气–蒸汽联合循环发电机组上得到广泛成熟应用的危险气体检测系统，对原有系统进行改造。探测器模块外置，采用抽取式方式，增加降温、过滤等预处理装置，将抽取的燃气轮机透平间气体温度控制在70℃以内，并保证气体相对洁净，以保护危险气体探头，增加气体探头使用寿命。现场探测器模块检测到危险气体后，信号进入二次仪表后，输出开关量或模拟量信号送Mark Ⅵe控制系统。改造后的系统能满足燃气轮机有关危险气体探测的相关技术要求，并符合GB 50183《石油天然气工程设计防火规范》的要求，能够正常检测气体泄漏情况，能够在Mark Ⅵe控制系统的监控画面准确显示相关探测区域的报警情况并且相关的各项报警功能动作可靠。

二、F级燃气轮机危险气体检测系统接地不可靠

1. 设备概况

某公司建有两套F级燃气–蒸汽联合循环热电联产机组，2017年正式投入商业运行。联合循环发电机组采用分轴布置，燃气轮机型号为PG9371FB。

2. 事件经过

2018年6月25日22:00:00，1、2号机组正常运行，1号燃气轮机负荷253MW，2号汽轮机负荷115MW，低压供热55.6t/h，中压供热18.5t/h。22:55:00，燃气轮机跳闸，首出为"危险气体报警"，燃气轮机联锁跳闸汽轮机，1、2号发电机解列，旋转隔板全开，中、低供热阀门关闭，机组停止供热。23:33:00，1号燃气轮机盘车投入。处理后，6月25日23:15:00危险气体信号恢复正常，1号燃气轮机于6月26日01:00:00启动，01:18:00并网，2号汽轮机于02:23:00并网，08:30:00恢复供热。机组跳闸时相关曲线如图3-3所示。

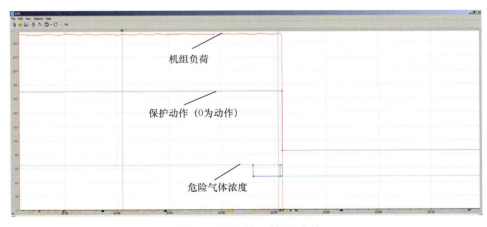

图 3-3　机组跳闸时相关曲线

3. 检查情况

（1）检查机组跳闸、自动停机画面和相关报警信息，确认首出信号为"危险气体报警"。

（2）检查 Mark VIe 控制系统及 DCS 所有控制器、卡件工作正常，无故障报警。

（3）检查 3 个危险气体检测器布置情况，发现信号相对独立，且分布在不同的卡件上。与危险气体检测器在同一卡件的其他模拟量信号无异常波动。

（4）检查运行操作记录，机组跳闸前负荷稳定，无异常操作。

（5）检查跳机前 7 天机组运行数据，危险气体含量一直显示 −0.01%，未出现异常波动。

（6）检查 Mark VIe 控制系统报警列表发现，22:53:01，1、2 号机组阀组间危险气体探头 9C 故障报警，远方画面显示 BQ，显示值为 −1.3%；22:55:35，阀组间危险气体探头 9B 故障报警，远方画面显示 BQ，显示值为 −1.3%；22:55:47，阀组间危险气体探头 9A 故障报警，远方画面显示 BQ，显示值为 −1.3%。检查逻辑，阀组间危险气体探头同时出现 3 个坏点，触发 1 号燃气轮机保护停机。

（7）检查危险气体检测系统控制逻辑及参数设置正确，但只要模拟量负偏超过 −0.31%，就会故障报警，并发出坏点信号至保护回路。逻辑组态超量程死区设置情况如图 3-4 所示。

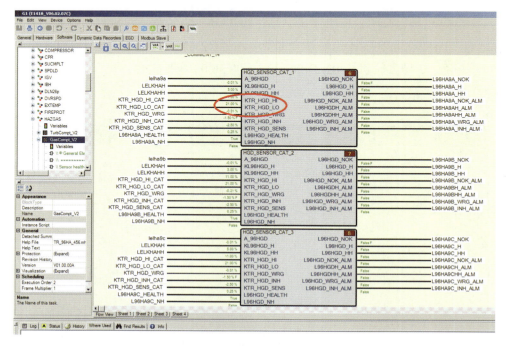

图 3-4　逻辑组态超量程死区设置情况

（8）检查就地危险气体变送器设置均正常。

（9）对探头到机柜的电缆进行检查，发现探头到变送器的接地线松动，变送器支架松动，支架上无可靠接地，对接地线进行紧固。危险气体探头接地情况如图 3-5 所示。

图 3-5　危险气体探头接地情况

（10）检查现场设备，变送器接地通过电缆与探头相连，探头接地通过外壳与仪表支架相连，接地点不可靠，探头到变送器的接地线松动，探头到变送器之间受到外界环境干扰时，出现零漂，向负向漂移，超出变送器的低限报警值。变送器和阀站罩壳连接方式如图 3-6 所示。

图 3-6　变送器和阀站罩壳连接方式

4. 原因分析

（1）此次机组停机原因为"危险气体报警"导致燃气轮机保护动作。

（2）危险气体报警原因为阀组间 3 个危险气体信号同时出现坏点，触发 1 号燃气轮机危险气体报警跳机。

（3）3个危险气体信号同时出现坏点原因为阀组间危险气体探头 9A/9B/9C 在 22:53:00—22:55:00 先后显示为 −1.3%，当模拟量负偏超过 −0.31%，逻辑判断为"坏质量"故障报警，3个信号均为"坏质量"时，触发燃气轮机跳闸保护。

（4）3个危险气体信号先后显示为 −1.3% 的原因为变送器零点漂移。

（5）变送器零点漂移原因为设备接地不可靠，抗干扰能力差。此外，变压器未进行定期校验。

5. 暴露问题

（1）隐患排查不到位。对热工保护信号、设备未进行全面梳理，特别是成套提供设备，内部接线未进行排查，未发现接地松动、接地不可靠等安全隐患。

（2）定期校验工作不到位。未按要求对危险气体探头、变送器做好定期校验工作，不能及时发现潜在隐患。

（3）保护逻辑设置不合理。控制系统为 Mark VIe，逻辑组态封装程度较高，对于大多数功能块，热控人员不清楚参数设置是否正确，不能及时发现逻辑隐患。

6. 处理及防范措施

（1）暂时将危险气体信号判断"坏质量"的超量程下限由 −0.31% 改至 −1.5%，并将危险气体坏点信号（L96HA9A、9B、9C_NOK）强制为"False"。

（2）举一反三，对燃气轮机所有模拟量转开关量信号的超量程设置进行排查梳理，优化参数设置，降低主保护误动的可能性。

（3）针对此次事件暴露的设备接地问题，检查保护相关设备及电缆接地情况，确保成套设备、隐蔽设备接地可靠，防止信号干扰。

（4）做好探头、变送器的定期校验及抽检工作，及时发现设备存在的安全隐患。

（5）加强对危险气体检测系统的巡查及相关报警信号的检查确认，明确相关巡查要求，定期对危险气体检测系统维护。

三、CV 阀执行机构故障

1. 设备概况

某公司建有两套 E 级燃气–蒸汽联合循环发电机组，于 2008 年实现双投。燃气轮机型号为 SGT5-2000E(V94.2)，燃气轮机控制系统（TCS）型号为 SPPA-T3000。

天然气燃气模块的作用是为燃料喷嘴提供天然气，并控制天然气进入燃烧室的速率，使其符合设备启动、运行、停机中的要求。天然气控制调节阀（NG CV 阀）用来控制到燃烧室的天然气供气量。天然气控制调节阀由液压控制动作。燃气调节阀开度控制器是用来控制主燃气调节阀（CV 阀）和值班燃气调节阀（PG CV 阀）的开度，控制器具有比例积分动作特性，控制器输出为正，燃气阀开大，增加燃气进气流量；输出为负，燃气阀关小，减少燃气进气流量。

2．事件经过

2018 年 5 月 15 日 10:37:32，1 号联合循环发电机组（1 号汽轮机、2 号燃气轮机）中的 2 号燃气轮机在运行中跳闸，联跳 1 号汽轮机。跳闸前，1 号联合循环发电机组负荷正从 115MW 升至 120MW，2 号燃气轮机负荷 69MW，1 号汽轮机负荷 35.8MW。停机后对燃气轮机 CV 阀的阀门及执行机构进行整体更换，5 月 16 日 00:29:00 向市调报备用。

3．检查情况

（1）查看相关报警及事件顺序报表，判断跳闸首出信号为"NG CTRL SYS DEV"，燃气控制系统偏差保护信号动作，触发燃气轮机跳闸。

（2）查看 CV 阀指令和反馈历史曲线发现，10:32:30，CV 阀指令信号为 32.4%，反馈信号为 29.5%，指令与反馈偏差 2.9%，随后该偏差值逐渐增大。10:37:32，CV 阀指令信号为 39.1%，反馈信号为 31.0%，两者偏差大于 8%，触发"燃气控制系统偏差保护"动作。CV 阀指令和反馈信号的历史曲线如图 3-7 所示。

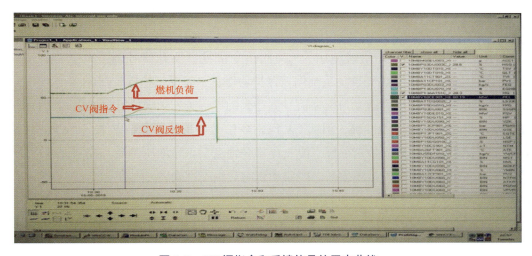

图 3-7　CV 阀指令和反馈信号的历史曲线

（3）查看相关逻辑和液压油油压信号历史曲线发现，10:31:58 前，2 号液压油泵运行；10:31:58 开始，液压油压力从 15.61MPa 缓慢下降；10:33:13，压力降至 14.5MPa，压力低联锁启动备用 1 号液压油泵，两台液压油泵同时运行，液压油压力迅速恢复。液压油油压信号的历史曲线如图 3-8 所示。

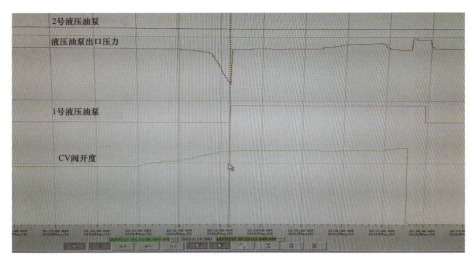

图 3-8　液压油油压信号的历史曲线

（4）检查 CV 阀的指令和反馈信号回路接线，无松动现象；检查 CV 阀上的控制油管路及接头，无泄漏现象。为进一步判断 CV 阀执行机构故障原因，在逻辑中进行 CV 阀仿真开启试验。分别给 10%、20%、30%、40% 和 50% 的指令信号，观察 CV 阀动作情况，发现在 30% ～ 35% 位置时，阀门开度有摆动现象。

（5）对 CV 阀执行机构进行解体检查，发现执行机构内部密封圈出现故障。

4. 原因分析

（1）燃气轮机跳闸的直接原因为 CV 阀指令信号与反馈信号偏差大于 8%，触发"NG CTRL SYS DEV"燃气控制系统偏差保护动作，引起燃气轮机跳闸。

（2）造成 CV 阀指令信号与反馈信号偏差大的原因为 CV 阀执行机构内部密封圈出现故障，阀门动作响应不准确，引起 CV 阀指令信号与反馈信号偏差大。CV 阀执行机构内部密封圈故障，造成控制油压下降，尽管联锁启动 1 号液压油泵，控制油压迅速恢复，但因执行机构内部密封圈故障，阀门动作响应仍不准确。

5. 暴露问题

（1）CV 阀执行机构动作频繁，长期使用易发生故障。

（2）CV 阀指令与反馈偏差异常不易被运行人员发现。

6. 处理及防范措施

（1）对燃气轮机 CV 阀的阀门及执行机构进行整体更换。更换前，对 CV 阀备件进行检查，确认新、旧阀门执行机构型号、油路和电气接口完全一致。

（2）对更换好的 CV 阀进行零位校验、满位校验，确保阀门实际位置与阀位反馈信号一致。对 CV 阀进行静态全行程校验，分别给 0%、25%、50%、75% 和 100% 指令信号，就地观察阀门动作情况良好，实际位置准确，阀位反馈信号与指令信号一致。

（3）联系燃气轮机控制系统厂家人员在燃气轮机控制系统界面增加 CV 阀指令显示，以便运行人员及时发现指令与反馈的偏差。增加指令与反馈偏差大于 2% 时声光报警。

（4）运行人员加强 CV 阀指令与反馈的监视，在偏差大于 2% 时，及时汇报。在指令与反馈偏差大于 2% 时，退出自动发电控制（AGC）模式，维持当时负荷，不再进行负荷调整。

（5）每月在具备试验条件（机组停运状态）时，运行人员（热控人员配合）对燃气轮机的燃气系统阀门进行全行程试验，确保阀门开关动作正确，指令、反馈信号正常。

（6）完善燃气轮机的燃气系统阀门更换记录，梳理各个阀门的投运时间，针对长时间没有换过的阀门，利用燃气轮机检修的机会进行检查和更换，以预防此类事故再次发生。

四、CV 阀位移传感器故障

1. 设备概况

某公司建有两套 E 级燃气－蒸汽联合循环发电机组，于 2008 年实现双投。燃气轮机型号为 SGT5-2000E（V94.2），燃气轮机控制系统（TCS）型号为 SPPA-T3000。

2. 事件经过

2019 年 7 月 20 日 10:29:32.098，2 号联合循环发电机组（3 号汽轮机、4 号燃气轮机）负荷 140MW，3 号发电机组（汽轮机）负荷 52MW，4 号发电机组（燃气轮机）负荷 88MW，4 号发电机组（燃气轮机）在运行中突然跳闸，同时联跳 3 号发电机组（汽轮机）。跳机后现场检查 4 号发电机组燃气轮机保护动作情况，跳机原因为燃气轮机 CV 阀位移传感器（LVDT）反馈信号在 10:29:32.098 丢失后（相当于 LVDT 滑差电阻开路）触发 "POSIT MEAS VALVE GAS FAULT DELAYED"（反馈位置故障）信号动作，其后通过信号 "NG CTRL SYSTEM-NG TRIP"（燃气轮机跳闸）触发机组跳闸，后续由于 "NG CTRL SYS DEV"（燃气控制系统偏差）信号有 200ms 延时，同时加上 37ms 系统扫描时间，于 10:29:32.335 时发出 "NG CTRL SYS DEV"（燃气控制系统偏差）信号。在机组跳闸时刻节点，CV 阀指令值为 23.6%，反馈值为 119.6%，偏差值约为 96%。

3. 检查情况

（1）逻辑和事故追忆分析。从历史数据追忆可看出首出为"NG CTRL SYSTEM-NG TRIP（燃气轮机跳闸）"综合跳闸信号，后续于 10:29:32.335 发出"NG CTRL SYS DEV"（燃气控制系统偏差）信号，这是由于"NG CTRL SYS DEV"（燃气控制系统偏差）信号有 200ms 延时，同时还要加上 37ms 的 DCS 扫描间隔时间。历史数据追忆如图 3-9 所示。

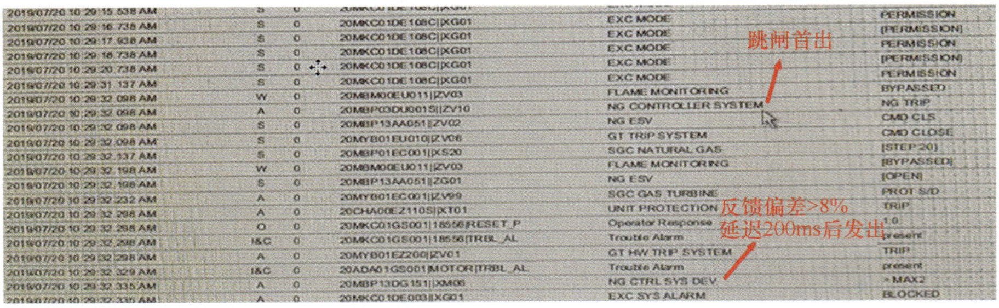

图 3-9　历史数据追忆

"NG CTRL SYSTEM-NG TRIP"（燃气轮机跳闸）综合信号由"POSIT MEAS VALVE GAS FAULT DELAYED"（反馈位置信号故障）信号、"NG CTRL SYS DEV"（燃气控制系统偏差）信号等多个信号综合组成。

从 CV 阀反馈历史趋势可以发现，从 10:29:32 前 1h 开始，CV 阀的反馈信号波动越来越大。10:29:32，阀门反馈突然变为 119.6%（类似 LVDT 滑差电阻开路现象，而 T3000 控制系统的开路检测机制使得开度显示为约 120%，开路故障信号显示数值 = 最大量程值 +20% 量程值），说明阀门实际并未动作，是 CV 阀 LVDT 出现超限故障，导致机组跳闸。

（2）现场设备情况。现场查看发现，CV 阀的阀体本身结构完整无明显损伤或变形。拆卸后 CV 阀如图 3-10 所示，CV 阀 LVDT 元件如图 3-11 所示。

图 3-10　拆卸后 CV 阀

图 3-11　CV 阀 LVDT 元件

4. 原因分析

（1）燃气轮机跳闸的直接原因为 CV 阀反馈信号故障。阀门在指令不变情况下，存在阀门阀位信号波动现象，机组跳闸时 CV 阀反馈值为 119.6%（已超限），但阀门并未动作，燃气轮机天然气流量、负荷信号均没有变化。

（2）CV 阀反馈信号故障的主要原因为 LVDT 故障。

（3）LVDT 元件损坏的根本原因推测为长期频繁动作后密封老化，或是元件的接触电阻受油、水、杂质混合物影响而造成了位移传感器电子尺失灵。

5. 暴露问题

（1）CV 阀因长期频繁动作且维护不当，LVDT 易发生损坏。

（2）对 CV 阀 LVDT 结构、原理和维护注意事项了解不够。

6. 处理及防范措施

（1）更换备用燃气轮机 CV 阀及其 LVDT。

（2）将原 CV 阀送到有资质的厂家或机构进行检查，进一步确定 LVDT 元件故障原因。

（3）加强对燃气轮机燃气系统 CV 阀、紧急关闭阀（ESV 阀）等重要控制阀门反馈装置的管理，确定检修周期及计划，按计划进行现场动作试验和检查更换。

（4）将类似 CV 阀 LVDT 反馈故障等信号引入历史记录库中，利于事后故障分析。

（5）研究对该型号燃气轮机增加 LVDT 冗余配置的可能性。

五、燃气轮机值班阀异动故障停机

1. 设备概况

某公司建有两套燃气–蒸汽联合循环发电机组。其中 2 号联合循环发电机组主系统由 3 号汽轮机、3 号汽轮机发电机、4 号余热锅炉、4 号燃气轮机、4 号燃气轮机发电机组成。4 号燃气轮机型号为 SGT5-4000F（9）。2 号联合循环发电机组投产于 2019 年，截至 2021 年 8 月 5 日，4 号燃气轮机运行小时数为 8687h，2020 年 10 月进行一次小修，2021 年 6 月进行了检查性大修。

此次故障停机涉及的天然气值班阀及相关控制情况概况如下：

（1）4 号燃气轮机天然气值班阀为两个液压控制阀门，每次启动前自动进行切换，此次为值班阀 1 运行。

（2）值班阀联锁保护逻辑。值班阀 1 的 0.1s 前的指令和当前反馈偏差大于等于 8%，延时 0.2s 连锁关闭 ESV 阀燃气轮机跳闸。

（3）值班阀控制。值班阀由就地电子间 AddFEM 卡输出控制信号至就地伺服阀实现阀门动作，逻辑换算的指令与反馈进行比较，通过 AddFEM 卡的 AO 通道（±30mA）输出给伺服阀，电流值为正则阀门往开的方向动作，电流值为负则阀门往关的方向动作。AddFEM 卡为双卡冗余输出，若其中一路断线或故障，则由另一路继续工作。

（4）伺服阀控制系统。伺服阀系统由进油口 P 进油后（回油口 T 回油），在没有控制信号输入时，挡板与两侧喷嘴的间隙相等，此时喷嘴两端具有相等的压力，从而使工作油口压力 $p_A=p_B$（p_A、p_B 分别为油动机上、下腔室的压力）；当输出控制器信号时，控制挡板产生弯曲变形，整个挡板向左或向右弯曲。当挡板向左侧弯曲时，左侧喷嘴内油腔压力增大，右侧喷嘴内油腔压力随之降低，使得工作油口压力 $p_A > p_B$；反之，工作油口压力 $p_A < p_B$。此时，双侧喷嘴产生的压力差被输出，以驱动负载。

2. 事件经过

2021 年 8 月 5 日 17:35:00，2 号燃气-蒸汽联合循环发电机组总负荷 190MW，3 号汽轮机负荷 79MW，4 号燃气轮机负荷 111MW，主蒸汽温度 563℃，主蒸汽压力 7.8MPa，天然气预混阀开度 26.3%，天然气值班控制阀 1 开度 41.7%，4 号燃气轮机液压油压力 15.75MPa，4 号燃气轮机值班阀 1 运行。

17:35:59.033，4 号燃气轮机值班阀 1 由 41.7% 异常下降。17:35:59.373，值班阀 1 下降至 23.7%，燃料量由 1.1467kg/s 降至 1.1428kg/s。17:35:59.407，4 号燃气轮机发 "POSN PILOT GAS 1 C-V CTRL DEV MAX" 报警。17:36:00.316，4 号燃气轮机发 "GT HW TRIP SYST TRIP"，4 号燃气轮机跳闸，联锁 4 号余热锅炉和 3 号汽轮机跳闸。17:50:00，4 号燃气轮机盘车系统投入运行。18:15:00，3 号汽轮机盘车系统投入运行。

2021 年 8 月 6 日 04:15:00，接值长令 4 号燃气轮机开始走启动步序（4 号燃气轮机为电网电源支撑点），燃气轮机值班阀 2 运行。05:48:00，4 号燃气轮机定速。05:51:00，4 号燃气轮机并网。07:31:00，3 号汽轮机并网。

3. 检查情况

（1）机组跳闸 DCS 曲线检查。2021 年 8 月 5 日 17:35:59，值班阀 1 在指令保持 42% 不变的情况下，反馈由 42% 突降至 24%，触发 "CTRL DEV MAX" 保护，即值班阀 1 的 0.1s 前的指令和当前反馈偏差大于等于 8%，延时 0.2s 联关 ESV 阀导致燃气轮机跳闸。

2021 年 8 月 5 日 01:00:00 至 4 号燃气轮机跳闸前，燃气轮机负荷、值班阀 1 指令和反馈、天然气流量一直保持稳定，无异常波动。

（2）值班阀控制线路检查。进入罩壳检查就地值班阀1门体的反馈装置，装置安装稳固，接线均为压接方式，接线牢固无松动。检查就地设备到 PCC 间卡件线缆绝缘，用绝缘电阻表测量值班阀的指令线、反馈线的对地阻值，测量结果对地阻值均为无穷大，绝缘合格。检查 PCC 间卡件所在控制柜、罩壳内中间端子箱、就地线缆，所有信号在 PCC 间控制柜内单端接地，接地良好。检查 PCC 间阀门控制 AddFEM 卡，信号输出稳定，卡件安装牢固、卡件接线牢靠且卡件无报警信号。

（3）执行机构现场检查。检查就地阀门 LVDT 反馈装置，反馈装置连接牢固无松动。停机后重新对值班阀1进行传动，指令和反馈一致，未见异常。

（4）值班阀检查。检修人员现场检查值班阀1油动机外观未见明显异常，值班阀油动机外观如图 3-12 所示。

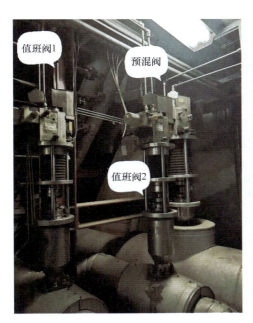

图 3-12　值班阀油动机外观

调取近三个月液压油油质化验报告，发现油质各项指标符合标准要求。其中，颗粒度污染等级按照电厂磷酸酯抗燃油运行维护导则要求每三个月测试一次，每次启机前检测。

随后对4号燃气轮机液压油压力进行了检查，发现在停机前后液压油未见明显波动。

检查液压油 A、B 冷油器滤网压差无异常。阀门传动时发现液压回路油滤网就地差压指示由绿变红，拆下值班阀1液压油滤芯用酒精清洗出有少许颗粒，燃气轮机液压油滤芯如图 3-13 所示。

图 3-13　燃气轮机液压油滤芯

（5）伺服阀送检情况。为进一步查清原因，将旧伺服阀 1（值班阀 1）、伺服阀 2（值班阀 2）和伺服阀 3（预混阀）送至伺服电磁阀厂家进行解体检测，在检测过程中均发现不同程度的滤芯污染、堵塞以及滑阀磨损问题，并在伺服阀 2 的滑阀宏观检测中发现明显污染物，最终 3 个伺服阀均得出"阀芯磨损，过滤器需要更换"结论。

（6）从现有获取资料来看，液压油系统中杂质进入伺服阀中，存在细小杂质进入伺服阀控制油路，堵塞单侧喷嘴可能，进而在未接收控制信号的情况下，左右两侧控制油压失衡，右侧油压大于左侧（$p_A < p_B$），值班阀 1 关小，最终导致此次停机事件发生；相反，如果细小杂质堵塞另一侧喷嘴，造成左侧油压大于右侧（$p_A > p_B$），值班阀也将开大。

4．原因分析

（1）机组停机原因。4 号燃气轮机值班阀 1 指令不变反馈突降，触发"值班阀 1 的 0.1s 前的指令和当前反馈偏差大于或等于 8%，延时 0.2s"跳闸条件，燃气轮机跳闸，联锁跳闸余热锅炉和汽轮机。

（2）值班阀反馈突变原因。值班阀 1 液压伺服阀发生故障，喷嘴油路存在堵塞可能，进而造成两侧控制油压失衡，致使未接收指令情况下值班阀 1 关小，最终导致此次停机事件发生。

5．暴露问题

（1）设备维护不到位。机组自 2019 年投产后，发电企业未对天然气阀门液压油滤芯进行过更换，未定期对伺服阀进行检验，相关运维制度、要求不明确。

（2）业务技能有待提高，对燃气轮机维护手册的学习不深入。

6. 处理及防范措施

（1）对值班阀 1、预混阀、ESV 阀、进气导叶开度（inlet guide vane，IGV）控制阀液压油滤芯进行更换，对液压油系统中存油进行过滤。

（2）加强设备维护，制定相关制度。制定天然气阀门液压油滤芯定期更换、检查及清洗制度，确保滤芯定期更换，天然气阀门伺服阀定期进行备件轮换，并对换下的伺服阀进行清洗检查。

（3）加强油质监督管理。保证液压油品质，根据油品情况进行油质置换。

（4）加强人员技术培训，尤其是对燃气轮机相关设备的培训，深入学习燃气轮机维护手册，提高原因分析和解决问题的能力。

六、闭式膨胀水箱液位调节阀故障

1. 设备概况

某公司 8 号机为 9F 单轴燃气－蒸汽联合循环发电机组，额定功率 415MW，运行方式通常为日开夜停。闭式冷却水对燃气轮机火检探头具有冷却保护作用。

2. 事件经过

2019 年 8 月 6 日 11:07:00，8 号机闭式水箱水位低低报警（300mm），但 8 号机闭式膨胀水箱液位调节阀 LCV6501 故障，阀芯一直处于关闭状态，水位无法上升。11:15:00，闭式膨胀水箱水位降至 230mm，8A 闭式水泵因水位低联锁跳泵。由于闭式冷却水持续减少，11:22:03.013，润滑油温高高报警"LUBE OIL OUTLET TEMPERATURE HIGH HIGH ALARM"，同时造成燃气轮机火检探头冷却故障，D、A、C 火检探头由于缺乏充分冷却陆续出现故障，"四取三"逻辑保护动作。11:23:48.807，触发"Flame Detection control"（火检故障 -L28FDX 信号），同时引发"Master Protective Trip"（主保护跳闸 -L4T 信号），导致机组跳闸。事件发生时，闭式水旁路处在检修状态。经处理，当天 12:48:00 机组重新启动，13:19:00 并网，13:56:00 机组带满负荷运行。

3. 检查情况

（1）逻辑和数据追忆分析。从历史数据追忆可看出，首出为 11:23:48.807"Flame Detection Control"（火检故障 -L28FDX 信号），同时引发"Master Protective Trip"（主保护跳闸 -L4T 信号），触发机组跳闸。

图 3-14 闭式膨胀水箱液位调节阀

燃气轮机 D、A、C 火检探头由于缺乏充分冷却陆续出现故障，11:23:48.807，C 火检探头（L28FDC）作为第三个出现故障的探头，满足"四取三"逻辑保护动作"Flame Detection Control"（火检故障 -L28FDX 信号）。

（2）现场设备分析。现场检查发现，8 号机组闭式膨胀水箱液位调节阀 LCV6501 电动执行机构与阀杆的连接块螺栓松脱，导致电动执行机构与阀杆脱开。调节阀电动执行机构开关指令与反馈信号正常，阀芯一直处于关闭状态，闭式膨胀水箱液位调节阀如图 3-14 所示。

4. 原因分析

（1）机组跳闸原因："Flame Detection control"（火检故障 -L28FDX 信号）同时引发"Master Protective Trip"（主保护跳闸 -L4T 信号），触发机组跳闸。

（2）火检故障原因：燃气轮机 D、A、C 火检探头由于缺乏充分冷却陆续出现故障，满足"四取三"保护动作"Flame Detection control"（火检故障 -L28FDX 信号）。

（3）火检缺乏充分冷却原因：闭式膨胀水箱液位调节阀 LCV6501 电动执行机构与阀杆的连接块螺栓松脱，导致电动执行机构与阀杆脱开，且阀芯一直处于关闭状态。运行人员以为调节阀门一直处于调节补水状态，而实际上阀杆脱落一直未跟随执行机构动作，造成闭式膨胀水箱实际上一直未补水，闭式冷却水缺失，火检探头缺乏有效冷却。

5. 暴露问题

（1）对闭式膨胀水箱液位调节阀的检查和维护有待加强。

（2）由于闭式水相关的运行参数不是主机主要参数，因此运行人员对此参数的敏感性低，监控力度不足，未及时发现闭式冷却水异常和火检冷却异常。

6. 处理及防范措施

（1）加强对此类调节阀的检查与维护，建立相应的检查与维护机制。

（2）加强对闭式冷却水运行状态和火检状态的监视，加强对故障报警的监视及正确处理。

七、余热锅炉入口烟气压力开关故障

1. 设备概况

某公司建有两套 E 级燃气-蒸汽联合循环发电机组，于 2008 年实现双投。燃气轮机型号为 SGT5-2000E（V94.2），燃气轮机热工控制设备为 SPPA-T3000 分散控制系统。蒸汽轮机、余热锅炉的热工控制设备为 Symphony 分散控制系统。

2. 事件经过

2021 年 7 月 20 日 14:47:30，1 号联合循环发电机组 1 号燃气轮机启动后并网，随后升负荷至 20MW。15:23:30，1 号联合循环发电机组 1 号汽轮机开始冲转。15:38:10，当汽轮机转速到达 1974r/min 时，DCS 发"1 号余热锅炉入口烟气压力高"跳闸保护信号，余热锅炉跳闸，随后联跳 1 号燃气轮机和 1 号汽轮机，机组安全停运。

3. 检查情况

（1）现场检查 SOE 动作情况。14:42:44，1 号机组 DCS 发"余热锅炉入口烟气压力高 3"报警信号，且一直保持报警状态未恢复，此时余热锅炉入口压力为 1.50kPa。15:38:00，1 号机组 DCS 发"余热锅炉入口烟气压力高 1"报警信号，但该信号 2s 内恢复正常。15:38:05，DCS 再次发"余热锅炉入口烟气压力高 1"报警信号，且报警信号保持超过 5s，此时余热锅炉入口压力为 1.86kPa。15:38:10，"余热锅炉入口烟气压力高三取二"保护动作，1 号机组 DCS 发"1 号余热锅炉入口烟气压力高"跳闸保护信号。15:38:11，联跳 1 号燃气轮机和 1 号汽轮机，机组安全停运。

对比 SOE 动作记录和机组实际运行曲线发现，启动过程中模拟量测点显示余热锅炉入口烟气压力在正常范围内，低于 1.86kPa，余热锅炉入口烟气压力开关 1、3 信号触发为误动作。

（2）保护动作及逻辑情况。"余热锅炉入口烟气压力高"保护系统由现场安装的 3 个压力开关组成，保护动作值为 6.5kPa，且测量回路、信号回路均独立分散布置，1 号余热锅炉 DCS 控制器对 3 个开关量信号进行"三取二"逻辑判断，延时 5s 发保护动作信号，该信号通过三路硬接线分别送至燃气轮机、汽轮机控制系统进行保护动作。该保护逻辑设计合理，组态无误，实际动作正确。

（3）设备现场检查情况。就地检查 1 号余热锅炉入口烟气压力开关，压力开关设备完好，内部接线紧固，接线端子选择正确无误，现场压力开关安装如图 3-15 所示。1 号余热锅炉三个入口烟气压力开关在余热锅炉房内，检查就地设备、电缆均未发现淋雨现象，压力开关端盖密封良好。信号电缆从 DCS 端子板处直接铺设至就地压力开关处，不存在中间端子箱。

图 3-15 现场压力开关安装

（4）DCS 控制柜现场检查情况。现场检查 1 号余热锅炉 DCS 控制柜，电源、通信卡件、CPU 卡件、开关量输入（DI）卡件状态良好，无报警信号。

（5）设备送检情况。将 3 个压力开关拆下送厂内压力标准室进行校验检查，结果如下：

1）余热锅炉入口烟气压力高 1、2 压力开关动作值为 6.5kPa，保护定值正常。

2）余热锅炉入口烟气压力高 3 压力开关动作（触点闭合）值为 2.5kPa，与保护定值偏差较大，说明余热锅炉入口烟气压力高 3 报警发出是由动作值降低引起的，随后将该压力开关动作值重新校准至 6.5kPa，但动作恢复值（触点断开）为 2.8kPa，回差值不合格，确定该压力开关故障。更换备件，对新的压力开关 3 进行校验，其检定记录如图 3-16 所示。

压力开关检定记录									
(8-1-机组) 大、小修		检定方法：热控法	换页规格：3.4*41.6kpa		型号 规格：4NN-X4-N4-S1A		制数		6.5
测点名称	#1 余热锅炉入口烟气压力高 3		制造厂		50R		出厂编号		170803625
标准器型号	FLUKE744	测量 范围	0~34kPa	精度	3.05	出厂编号	9772010	检定证书号	
	700P23						90552501		
外观检查	良好	工作介质：✓空气 □变压器油 □硅油			环境温度	20 ℃	相对湿度	46 %
设定 I 点 kPa		校前记录 kPa		检修后记录	设定点误差 kPa		重复性误差 kPa		切换差 kPa
高限 6.5	下升断 上升断	高限	上 6.52 下 6.11	0.03			上 下		上 下
			上 6.53 下 6.17		0.03		0.06		0.38
			上 6.55 下 6.18						
			上 6.53 下 6.16	实测 1-设定 I					
设定 II 点 kPa		校前记录 kPa		检修后记录 kPa	设定点误差 kPa		重复性误差 kPa		切换差 kPa
	上 下		上 下 上 下 上 下						
				实测 II-设定 II					
调修记录 原压力开关坏，换新压力开关进行校验。					检定结果				
					检定项目	允许值（kPa）	实标值		
					设定点误差（kPa）	±0.217	0.03		
					重复性误差（kPa）	0.217	0.06		
					不可调切换差（kPa）	4.353	0.38		
绝缘电阻（MΩ）		允许值：			切换差可调（kPa）	最小切换差			
端子 I—地		端子 I 之间				最大切换差			
端子 II—地		端子 II 之间							
结论：合格									
检定员 2021年7月20日		复核员 2021年7月20日		主管 2021年7月20日					

图 3-16　新换余热锅炉入口烟气压力高 3 压力开关检定记录

3）7 月 21 日，热控班再次对出现故障的压力开关 3 进行校验，发现动作值在无任何操作情况下由 6.5kPa 降为 4.5kPa，进一步证明该压力开关存在故障，故障的压力开关 3 如图 3-17 所示。

通过校验检查可以确认余热锅炉入口烟气压力开关 3 误动作的原因是该压力开关存在动作值降低故障，其他两个压力开关运行正常。

（6）电缆绝缘检查情况。现场用 500V 绝缘电阻表对 3 个压力开关至控制柜卡件信号电缆绝缘进行检查，结果如下：

图 3-17　故障的压力开关 3

1）"余热锅炉入口烟气压力高1"信号正极线路电缆对地绝缘阻值为0.1MΩ，存在接地现象，说明"余热锅炉入口烟气压力高1"误动作原因是信号电缆绝缘故障，电缆存在接地现象。

2）其余信号电缆对地及线间绝缘均合格。

3）接地电缆不具备抽出检查条件，重新铺设"余热锅炉入口烟气压力高1"信号电缆，测量绝缘电阻合格后重新接线，故障消除。

（7）故障设备检修情况。2021年5月热控专业对1号余热锅炉进行了小修工作，期间对1号余热锅炉3个入口烟气压力高压力开关进行了校验，校验结果均合格。对重要保护信号电缆进行绝缘检测，结果均合格。查阅仪表校验台账记录，"1号余热锅炉入口烟气压力高3"压力开关自2010年机组大修后一直使用，未进行过更换。

4. 原因分析

（1）机组停机原因是余热锅炉跳闸，联锁跳闸燃气轮机和汽轮机，并解列燃气轮机发电机。

（2）余热锅炉跳闸原因是"余热锅炉入口烟气压力高三取二"保护动作。

（3）"余热锅炉入口烟气压力高1"因信号电缆绝缘故障误动作，"热锅炉入口烟气压力高3"因压力开关动作值降低故障误动作，触发"余热锅炉入口烟气压力高三取二"保护动作。

（4）近期现场没有安装施工，电缆在线槽内部，未发现外力破坏原因。分析认为，不排除内部电缆在基建安装时外皮存在磨损，绝缘性能下降，但由于电缆暂时无法抽出，无法验证。另外，由于7月16—20日该地区连续降雨，天气潮湿，也增加了绝缘故障的可能性。综上，"余热锅炉入口烟气压力高1"因电缆绝缘故障误动作。

（5）余热锅炉入口烟气压力高3误动作原因：经检查，该压力开关外观良好，安装正确，2021年5月小修时校验合格，安装后未出现异常。复查校验记录显示结果说明余热锅炉入口烟气压力高3报警发出是由压力开关动作值降低引起的，随后对该压力开关动作值重新校准，发现回差值不合格，因此可确定该压力开关性能不稳定。查询该压力开关序列号，该型号压力开关为2007年产品，产品长期使用，存在性能老化和不稳定的可能。综上，本次机组启动后余热锅炉入口烟气压力高3因压力开关性能老化导致动作值降低故障而误动作。

（6）间接原因：重要保护逻辑掌握不全面，运行人员在机组启动过程中侧重监视余热锅炉入口烟气压力模拟量显示值，当时运行参数低于1.86kPa，在正常范围内，报警值为3.6kPa，保护动作值为6.5kPa。14:42:00，"余热锅炉入口烟气压力高3"压力开关发出高报警信号，但未能引起监盘人员足够重视；15:38:00，"余热锅炉入口烟气压力高

1"电缆绝缘故障接地，触发"余热锅炉入口烟气压力高三取二"保护动作，最终导致机组停运。

5. 暴露问题

（1）对机组重要保护设备装置管理不到位，对长期使用的重要保护设备劣化趋势重视程度不足，没有制订设备更新计划。

（2）技术水平有待加强，特别是对机组重要保护掌握程度不足、逻辑不清、敏感度不够。热控工作人员认为余热锅炉烟气入口压力不高于 6.5kPa（模拟量），就不存在跳闸风险。

（3）报警逻辑和画面有待优化，"余热锅炉烟气入口压力高 3"报警提示不醒目，未能引起运行人员重视，缺陷没有及时处理，最终导致保护误动。

6. 处理及防范措施

（1）重新铺设余热锅炉入口烟气压力高 1 压力开关信号电缆，测量绝缘电阻合格后重新接线。更换余热锅炉入口烟气压力高 3 压力开关，校验合格后正确安装。

（2）对所有涉及重要保护的设备及信号电缆进行全面的梳理检查。全面梳理设备台账，对长时间使用的重要热控保护就地设备进行统计，制订行之有效的更新替换计划，将此计划纳入每年更新滚动计划。对备品备件情况进行全面检查。

（3）进一步加强运行人员技能培训，针对此次事件暴露的问题，组织运行人员开展机组重要保护的专项培训，确保重要保护全员熟知掌握。

（4）将重要保护信号检查确认全部纳入机组启动前准备工作安排及风险预控措施，纳入机组启动操作票，纳入日常运行定期检查事项。

（5）在操作员站 DCS 画面上增设机组重要保护报警窗口或光字牌报警窗口，机组启动及运行时放于明显位置。以便运行人员及时查看，及时处理。

八、瓦振探头故障

1. 设备概况

某公司建有两套 E 级燃气–蒸汽联合循环发电机组，于 2014 年双投。燃气轮机型号为 PG9171E；燃气轮机瓦振探头型号为 5485C，最大耐温 375℃。

2. 事件经过

2018 年 6 月 26 日 21:20:00，3 号燃气轮机负荷 72MW，4 号汽轮机负荷 48MW，机组在 AGC 方式下运行，燃气轮机、汽轮机运行参数正常，2 号瓦振振动值 0.096in/s。

21:34:25，运行人员发现 3 号燃气轮机发出瓦振传感器故障信号（39VF_ALM）（数值为 0 时故障报警，0.5in/s 时高Ⅰ报警，1in/s 时燃气轮机跳闸），联系维护部值班人员查找原因。22:33:16，维护部值班人员在缺陷检查过程中 3 号燃气轮机跳闸，首出为 3 号燃气轮机"振动保护动作"，触发机炉大联锁保护动作。22:33:16，4 号汽轮机跳闸。6 月 27 日 00:40:00，3 号燃气轮机点火。

3. 检查情况

（1）历史曲线调取情况。调取 2 号瓦振历史曲线发现，3 号燃气轮机 2 号瓦振（bb3）从 20:01:11 起数值开始下降，21:33:15 数值降到 0 之后一直保持；22:33:16，该数值瞬间达到 1.0144in/s，超过 1in/s（保护动作值），然后回落。

（2）就地设备检查情况。检查线路和转接，均无异常。由于环境温度过高（95℃），人员无法进入隔间检查端子盒接线情况，停机后检查 2 瓦瓦振（bb3）接线端子无异常，进行电缆绝缘检测，电缆对地和电缆间绝缘正常，初步断定为 2 瓦瓦振探头故障。更换探头后，振动显示正常。

（3）逻辑组态检查情况。检查机组保护跳闸逻辑，燃气轮机瓦振逻辑块（L39VV7）中 2 瓦瓦振（bb3）值大于跳闸值（1in/s），触发振动跳机信号 L39VT，从而保护跳闸逻辑 2（L4PSTX2）动作，使得 3 号燃气轮机跳闸。对燃气轮机瓦振逻辑块（L39VV7）进一步分析发现，该逻辑块"REDPAIR"参数设置为 0，即任一瓦振探头测量值大于跳闸值即动作。

（4）横向检查情况。对另一套机组的 1 号燃气轮机瓦振逻辑块进行检查，该逻辑块参数设置与 3 号燃气轮机瓦振逻辑块参数设置相同，"REDPAIR"参数设置为 0，即任一瓦振探头测量值大于跳闸值即动作。

4. 原因分析

（1）2 瓦瓦振探头故障是此次机组跳闸的直接原因。瓦振探头测量原理：此探头为动线圈式传感器，由弹簧支撑一个惯性体感受振动，线圈感受惯性体位移，通过计算（瓦振专用卡件）后以振动速度的形式输出。由于在 21:34:00 已发 2 瓦探头故障信号，且线路检查无异常，在外部环境均无任何变化时 2 瓦振动数值突然有较大幅度的波动，且在更换振动探头后，振动数值显示正常。通过以上情况分析判断为探头内部故障。

（2）燃气轮机振动保护逻辑块内参数设置不合理是此次机组跳闸的次要原因。燃气轮机瓦振跳闸逻辑块设置为任一振动探头测量值大于 1in/s 即发出机组跳闸，未关联振动信号的报警值和故障信号，逻辑组态设置不合理。

（3）瓦振探头故障原因为该瓦振探头长期运行在 95℃左右高温环境中，一定程度上加速了检测仪表的老化。

5. 暴露问题

（1）对燃气轮机保护可靠性及隐患排查不到位，机组存在单点保护情况。

（2）对设备寿命周期估计不足，恶劣环境下仪表更换不及时，给机组运行留下隐患。

6. 处理及防范措施

（1）加强对环境温度的治理，对就地设备进行定期检测。

（2）将故障探头送有资质单位检测，进一步明确故障原因。

（3）调研同类电厂恶劣环境下热工仪表合理的更换周期，并利用停机机会对超期服役仪表进行更换。

（4）与工程师沟通将燃气轮机瓦振逻辑块（L39VV7）"REDPAIR"参数设置为2，即任一瓦振探头测量跳闸值关联报警值和探头故障信号。

（5）重点排查燃气轮机保护可靠性，及时发现单点保护等风险隐患，对热控逻辑进行全面梳理，列出重要保护明细单。

（6）加强燃气轮机热控逻辑、参数设置等专业相关知识培训，并保证培训质量。提高现场检修维护人员对现场事故的处理能力。

九、ETD 电磁阀继电器及底板故障

1. 设备概况

某公司一期建有两套 F 级燃气-蒸汽联合循环发电机组，于 2005 年实现双投。燃气轮机型号为 PG9351FA。

液压油（ETD）电磁阀控制液压油压力（驱动燃料阀），当 1、2 号任意一个 ETD 电磁阀动作时，液压油压力快速降低，从而关闭燃料阀，使机组跳机。ETD 电磁阀状态有两个反馈信号，分别是 ETD 电磁阀在复位状态-复位位（机组运行状态）、ETD 电磁阀在跳闸状态-跳闸位（机组跳闸）。

2. 事件经过

2018 年 7 月 23 日，2 号机组并网正常运行，机组负荷 278MW，高压主蒸汽流量 283t/h。23:10:00，1 号 ETD 电磁阀的复位位信号"ETD #1 Reset-Open when Reset"开始出现闪烁，1 号 ETD 电磁阀的跳闸位信号未出现，机组保持在挂闸运行状态。7 月 24 日 02:08:00，出现液压油压力低报警信号"Gas Fuel System Hyd Press Switch 3-Alarm Signal"。02:09:00，运行人员判断机组即将触发"液压油压力低低"跳闸信号，随后运行人员手动停机。事件经过曲线记录如图 3-18 所示。

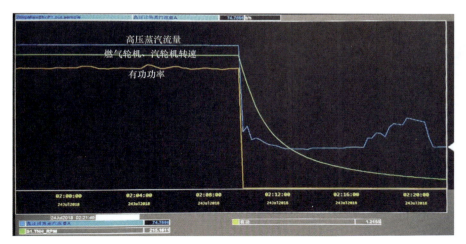

图 3-18 事件经过曲线记录

3. 检查情况

（1）检查复位位状态反馈信号是否正确。就地查看 ETD 电磁阀动作情况，当 1 号 ETD 电磁阀复位位出现闪烁时，就地 1 号 ETD 电磁阀实际动作，因此判断复位位反馈信号显示正确。

（2）检查跳闸位状态反馈信号是否正确。1 号 ETD 电磁阀复位位刚出现闪烁时，未出现液压油压力低低信号，说明 1 号 ETD 电磁阀在中间位置，SOE 记录中未出现 1 号 ETS 跳闸位反馈信号。

当机组手动停机后，出现 1 号 ETD 电磁阀跳闸位反馈信号，因此判断跳闸位反馈信号显示正确。

（3）检查 1 号 ETD 电磁阀控制信号是否有波动。1 号 ETD 电磁阀的控制信号未加入历史数据中，根据逻辑判断当燃气轮机跳闸条件任意一条满足时，触发 1、2 号 ETD 电磁阀控制信号。2 号 ETD 电磁阀未出现复位位反馈信号闪烁，因此排除 1 号 ETD 控制信号波动。

（4）检查继电器至电磁阀控制电缆绝缘。检查继电器至电磁阀控制电缆绝缘，绝缘正常。

（5）检查电磁阀、继电器及继电器底板。通过上述检查步骤，判断出现 1 号 ETD 电磁阀复位位信号波动的原因为继电器及继电器底板故障或电磁阀故障。

机组手动停机后 1 号 ETD 电磁阀能正常动作，又受限于备品备件，电厂热控人员对继电器及继电器底板进行更换。7 月 24 日 06:30:00，2 号机组重新启动后，未出现 1 号 ETD 电磁阀复位位信号闪烁现象，就地电磁阀也未出现反复动作的情况，因此判断继电器及继电器底板故障造成此次机组停机。

4. 原因分析

（1）1号ETD电磁阀反复动作原因分析。通过现场检查、分析及更换备品可知，控制1号ETD电磁阀的继电器及底板故障导致ETD电磁阀反复动作。

（2）液压油压力低原因分析。1、2号ETD电磁阀控制燃料系统液压油压力，当任意一个ETD电磁阀正确动作时，会快速降低液压油压力，从而快速切断燃气轮机进气。因1号ETD电磁阀动作，但未完全动作至跳闸位（报警中未出现跳闸位反馈信号），只引起液压油缓慢降低，一段时间后出现液压油压力低报警信号。

（3）手动停机原因分析。运行人员发现液压油压力低报警，判断机组即将触发"液压油压力低低"跳闸信号，手动停机。

5. 暴露问题

设备存在老化现象，对涉及重要保护的热控设备未定期检查、更换。

6. 处理及防范措施

（1）更换控制1、2号ETD电磁阀的继电器及其底板。
（2）加强对ETD电磁阀及其继电器的巡视和检查。
（3）涉及主保护的继电器列入检修工作项目中。
（4）对涉及重要保护的热控设备建议进行全生命周期管理。
（5）对更换的继电器及底板送厂家进行故障检测，检测具体故障原因，预防同类问题发生。

十、辅助关断阀继电器保护卡端子板故障

1. 设备概况

某公司建有两套F级燃气-蒸汽联合循环热电联产机组，于2017年正式投入商业运行。燃气轮机型号为9FB。燃气轮机辅助关断阀安装在速比截止阀的上游，是正向关断的气动阀，由电磁阀操控的2位气动滑阀控制。启动时，电磁阀得电使辅助关断阀打开，机组熄火时电磁阀失电使辅助关断阀关闭。辅助关断阀反馈盒内装有限位开关，用以检测关位和开位。

2. 事件经过

2021年5月19日07:49:10，3号燃气轮机运行中停机，停机前3号燃气轮机负荷为261MW，4号汽轮机负荷为107MW，低压供热53t/h，中压供热87.9t/h。查看Mark VIe控制系统的报警数据，停机首出为"天然气压力低"，引起"天然气压力低"的原

因是天然气辅助关断阀（VS4-1）关闭。经检查并更换继电器保护卡，试验辅助关断阀开关正常后，3 号燃气轮机、4 号汽轮机分别于 10:49:00、11:17:00 重新并网。

3. 检查情况

（1）报警记录及趋势检查情况。查看 Mark Ⅵe 控制系统的报警记录，天然气辅助关断阀（VS4-1）开反馈首先消失（Gas Fuel Stop Valve Open Limit Switch），因系统无指令输出，随后报出天然气压力低、辅助关断阀（VS4-1）关、机组停机等报警信息。

查看停机时曲线，辅助关断阀电磁阀开反馈消失先于开指令消失，与辅助关断阀同一保护卡的挂闸电磁阀动作时间在辅助关断阀开反馈消失及主保护信号动作之后。

（2）现场设备检查及处理情况。强制保护停机信号（L4_XTP）为 FALSE，VS4-1 开阀指令为 TRUE，阀门未动作，测量 VS4-1 电磁阀线圈无电压。拆除 VS4-1 阀门电磁阀指令电缆，检查阀门电磁阀线圈电阻为 4.1kΩ，线圈对地绝缘 10MΩ 左右，恢复指令电缆。

保持强制开阀指令信号，在继电器保护卡的 VS4-1 开指令测量两输出端子间及对地电压为 0V，拆线后测量，指令两输出端子间及对地电压仍为 0V，同时再拆除电磁阀就地指令电缆，测得电缆对地及相间绝缘为无穷大正常。恢复所有指令电缆接线，释放 VS4-1 开阀指令及保护停机信号（L4_XTP）强制信号。

检查继电器保护卡的上级电源分配卡，电源分配卡如图 3-19 所示，供电熔丝正常；进一步检查继电器保护卡的供电电源，分别拔出两块继电器保护卡供电电源插头，测量电源插头电压为 110V；分别检查继电器保护卡供电电源插头连接部位，连接点无氧化，插拔检查插头无松动。保持保护停机信号及 VS4-1 开阀指令强制信号的状态下，恢复两块继电器保护卡供电电源后，两输出端子对地电压均为 –55V 的等电位，按下 Mark Ⅵe 控制系统的操作画面主复位按钮后，VS4-1 开启正常。

考虑到保护动作后，继电器保护卡是无输出状态属于不正常现象，重新断送电后虽然恢复正常，但无法进一步检测卡件状况，决定更换继电器保护卡（从 1 号燃气轮机拆到 3 号燃气轮机）。更换后强制保护停机信号为 FALSE，开阀指令端子对地电压正常（–55V），强制 VS4-1 开阀指令并主复位后，VS4-1 阀门动作正常。继电器保护卡如图 3-20 所示。

再次对 VS4-1 进行开关阀试验，阀门开关正常，3 号燃气轮机开始进行启动。

4. 原因分析

（1）3 号燃气轮机停机原因：天然气压力低（FUEL GAS PRESSURE APPROACHING TRIP LIMIT）。

（2）天然气压力低原因：辅助关断阀无指令情况下关闭。

图3-19　电源分配卡

图3-20　继电器保护卡

（3）辅助关断阀关闭原因：在排除电源、电缆、接线等原因后，分析判断为继电器保护卡端子板故障，导致燃料辅助关断阀电磁阀失电，引起燃料中断。

5. 暴露问题

（1）对燃气轮机 Mark Ⅵe 控制系统继电器保护卡端子板特性不够熟悉。

（2）阀门双电磁阀改造进度较慢，未全部完成改造，未能及时消除单电磁阀隐患。

6. 处理及防范措施

（1）加快有关单电磁阀改造进度，避免重复出现类似问题。

（2）加强 Mark Ⅵe 重要设备卡件备品备件的管理，并及时进行补充。

十一、天然气调压站控制设备及通信系统故障

1. 设备概况

某公司建有4套E级燃气-蒸汽联合循环发电机组，4台机组分别于2005、2006年投产。燃气轮机型号为PG9171E。

调压站与主机同步建设投用，采用PLC控制系统，到事件发生时此控制系统已经运行近15年，未进行相关设备更新及技术升级。

2. 事件经过

2019年3月6日11:32:07，2号机组（2号燃气轮机和2号汽轮机）负荷约

160MW，燃气轮机天然气阀间压力突然降低，触发机组 RB（run back）辅机故障快速减负荷，机组负荷以一定速率下降至触发逆功率保护动作，燃气轮机发电机解列。

经过检查分析，判断降负荷原因为 2 号燃气轮机调压站出口阀门关闭，天然气燃料中断，导致机组进入燃气轮机固有标准化降负荷保护程序。

3. 检查情况

（1）检查历史记录和历史曲线。从 SOE 追忆记录可以看出，3 月 6 日 11:32:07，L30FPG2L_ALM（天然气阀间压力低报警）信号触发后，机组进入此燃气轮机固有标准化降负荷保护程序（L70L 降负荷信号动作）。11:32:47，G2.L52G1_ALM（燃气轮机发电机解列报警）信号触发逆功率保护动作。

从机组降负荷期间历史曲线看出，2 号燃气轮机降负荷首出原因是天然气阀间压力低触发燃气轮机降负荷。造成天然气阀间压力低的根本原因是调压站 2 号燃气轮机出口阀突然关闭。降负荷曲线如图 3-21 所示。

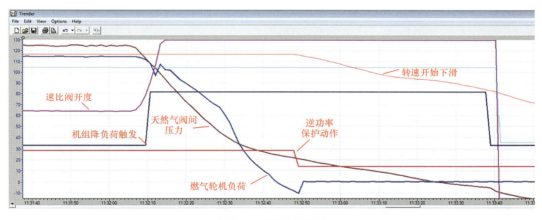

图 3-21　降负荷曲线

（2）检查控制逻辑。此燃气轮机固有标准化负荷保护控制程序采用国外标准，轻发电负荷重设备保护，因此包含众多触发条件，而此次降负荷触发条件为 L70L 信号发出（由天然气阀间压力触发）。此模块中 L70L 信号降负荷逻辑的目的是一旦机组燃料中断，机组根据天然气阀间压力下降程度计算合适的降负荷速率，并使机组按此速率下降到触发逆功率动作并继续执行其他保护流程而不是立即触发 L4T（燃气轮机立即跳闸指令），因此能够充分保护透平、燃烧器等关键热通道设备不会因温度急剧变化而产生严重损伤，此逻辑充分体现了燃气轮机的保护控制策略。因此在天然气突然中断时，只触发了 RB 降负荷保护设备，而未立即触发 L4T 信号（燃气轮机立即跳闸指令）。降负荷保护程序模块如图 3-22 所示。

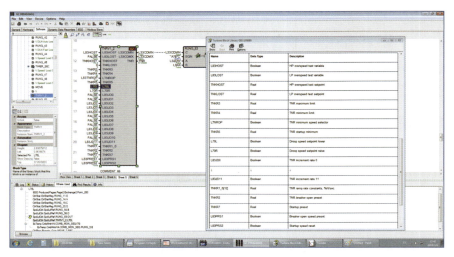

图 3-22　燃气轮机固有标准化降负荷保护程序模块

（3）故障复现试验。人为用手触碰天然气调压站通信系统同轴电缆和 75Ω 终端头模拟现场干扰，不同程度触发 PLC 控制系统故障、设备发出红色严重报警、控制信号丢失、2 号天然气出口阀气动电磁阀动作泄压，阀门全关。调压站 PLC 控制系统通信电缆及终端头如图 3-23 所示，调压站 PLC 控制系统故障复现试验（红灯显示故障）如图 3-24 所示。

图 3-23　调压站 PLC 控制系统通信
电缆及终端头

图 3-24　调压站 PLC 控制系统故障复现试验图
（红灯显示故障）

4. 原因分析

（1）燃气轮机降负荷原因为天然气阀间压力低触发燃气轮机固有标准化降负荷保护程序。

（2）天然气阀间压力低原因为调压站 2 号燃气轮机出口阀突然关闭。

（3）调压站 2 号燃气轮机出口阀突然关闭原因为就地调压站控制柜内 PLC 控制设备及通信电缆等设备已运行近 15 年，可靠性及抗干扰能力降低。特别是通信系统采用同轴电缆及 75Ω 终端头设备，其技术先进性、可靠性及抗干扰性远低于现在采用的光纤通信技术，易受触碰、振动、电磁干扰等外界因素影响造成信号丢失引起阀门全关。

5. 暴露问题

（1）天然气调压站控制设备技术落后，同轴电缆通信系统可靠性和抗干扰性差。

（2）未定期检测通信系统的同轴电缆及 75Ω 终端头设备的可靠性及抗干扰能力。

6. 处理及防范措施

（1）更换天然气调压站控制设备及通信系统，采用最新技术提高系统的可靠性和抗干扰能力。

（2）加强对天然气调压站控制设备及通信系统的巡视和检查。

十二、TCS 控制系统异常停机

1. 设备概况

某公司建有两套 F 级燃气–蒸汽联合循环热电联产机组，两套机组于 2015 年投产。燃气轮机型号为 M701F4，燃气轮机控制系统（TCS）为 DIASYS Netmation。

2. 事件经过

2021 年 5 月 10 日，2 号机组运行，AGC 投入，负荷 385MW，供热流量 30t/h。17:31:00，2 号机组燃气轮机控制系统（TCS）报控制系统故障信号，及时申请停机，对异常报警进行处理。机组于 5 月 13 日消缺完毕，14:48:00 机组并网。

3. 检查情况

（1）机组跳闸前后事故报警记录检查。机组停运后，查阅历史报警记录，17:31:00报 "TCS CONTROL SYSTEM2 FAIL TRIP"。

17:36:00，TCS 1 至 TCS 2 的通信反复出现报警，检查逻辑发现，系 TCS CONTROL SYSTEM2（TCS 2）出现通信异常，接收 TCS CONTROL SYSTEM1（TCS 1）的数据失败，导致控制系统故障。

2 号机组停机之后，控制系统反复发出 TCS P 网、Q 网异常报警。TCS 每一个子系统都由两块 CPU 卡双网 P、Q 网冗余组成，由高速 Ethernet HUB 连接。此时针对 P 网异常报警进行检查，发现交换机 HUB（3P2）故障，设备故障灯亮，经检查发现交换机坏，导致 TCS P 网异常，更换新交换机后，P 网恢复正常，交换机故障如图 3-25 所示。

针对 Q 网异常报警进行检查，发现 TCS 1 和 TCS 2 的 CPU 故障灯亮，CPU 异常如图 3-26 所示。

图 3-25　交换机故障

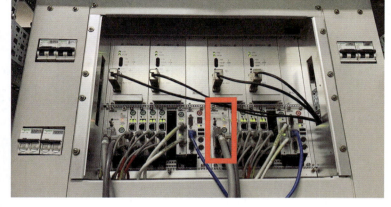

图 3-26　CPU 异常

对 2 号机组 TCS 网络拓扑图内的所有设备进行数据包流量测试后发现，TCS 1 中 CPU B 的 Q 网段延迟为 39ms，对连接 CPU B 的 Q 网网线进行检查发现存在接头处老化松动现象，进行更换后，测试延迟小于 1ms。至此 CPU 报警消除、网络故障报警消除。

（2）通信介质双绞线测试。对 2 号机组 7 个控制站、28 根网线进行测试，仅通过 10 根，有 18 根存在诸多技术指标不达标，即插入损耗、回波损耗、阻值及串扰等多个指标参数不符合标准要求。主要原因有以下几种：

1）接触面清洁度不够、氧化等因素导致接触不良，则会引起线对阻值偏大。

2）回波损耗由线缆特性阻抗和链路接插件偏离标准值导致功率反射引起。

3）串扰分近端串扰（NEXT）和远端串扰（FEXT），多数由于线路存在损耗所致。

4）衰减是沿链路的信号损失度量。由于集肤效应、绝缘损耗、阻抗不匹配、连接电阻等因素，信号沿链路传输损失的能量称为衰减，表示为测试传输信号在每个线对两端间的传输损耗值及同一条电缆内所有线对中最差线对的衰减量相对于所允许的最大衰减值的差值。

综上所述，当网络双绞线诸多指标超限，易引起网络通信不顺畅，时有网络通信数据丢失、网络中断、通信延迟或通信超时等网络异常问题产生，引起网络节点故障，甚至网络堵塞，且这种网络故障是可修复的，时好时坏。若是通信模块、交换机等硬件损坏，网络故障一般都是可复现、不可修复的。

因此，通过上述测试及检查情况来看，网络通信介质引起网络异常而导致 TCS 故障的可能性比较大。

4．原因分析

（1）直接原因：TCS 故障。

（2）TCS 故障原因：TCS P 网和 Q 网异常。

（3）TCS P 网异常原因：交换机 HUB（3P2）故障。

（4）TCS 的 Q 网异常原因：TCS CPU 故障。

（5）TCS CPU 故障原因：双绞线通信介质存在诸多指标参数不达标，网络通信存在数据交换不顺畅问题。

5．暴露问题

（1）网络通信介质双绞线存在性能不达标问题，需要及时更换，确保网络通信顺畅、稳定，提高网络可靠性。

（2）网络交换机可靠性不高，且采用所有交换机接地串接的方式引入接地点，存在单一交换机受干扰的噪声会影响临近交换机的运行，易扩大干扰范围，未达到提高交换机抗干扰的目的。

6．处理及防范措施

（1）更换交换机 HUB（3P2），更换 1、2 号机所有 TCS 双绞线，加强日常工作中对控制系统网络的定期测试，准确掌握控制系统网络设备可靠性，对测试中发现的设备隐患及时排除，确保控制系统网络稳定可靠。

（2）优化 TCS 监视画面及报警信息，使运行人员能直观监视并及时发现控制系统网络异常情况。

（3）完善网络设备接地措施，确保每一个网络交换机的接地相对地独自引至接地点，避免接地电缆耦合、串入二次干扰。

十三、PE 燃料计量阀故障

1．设备概况

某公司建有一套"二拖一"燃气分布式发电机组，于 2015 年正式投产。燃气轮机型号为 LM2500+G4。LM2500+G4 燃气轮机可在就地控制间手动或自动操作或者从集控室的 DCS 上遥控操作。燃气轮机控制系统（TCS）采用 GAP3 控制系统及 PROFICY 控制系统，其中 GAP3 控制系统负责燃料控制部分，PROFICY 控制系统负责顺序控制部分。

2．事件经过

2019 年 4 月 4 日，机组以"二拖一"方式运行，1 号燃气轮机负荷 29.9MW，2 号燃气轮机负荷 30.0MW，3 号汽轮机负荷 23.2MW。11:26:00，2 号燃气轮机跳闸，跳闸报警为"PE 燃料计量阀流量错误"。2 号燃气轮机跳闸报警信息如图 3-27 所示。

图 3-27　2 号燃气轮机跳闸报警信息

2 号燃气轮机停机后，1 号燃气轮机负荷 30.0MW，3 号汽轮机负荷 10.9MW。经相关检查和处理后，2 号燃气轮机于 4 月 5 日 17:20:00 并网运行。

3．检查情况

（1）就地通信连接 PE 燃料计量阀控制器，检查控制器内的报警信号及阀门设置信息，未发现明显问题。

（2）检查 PE 燃料计量阀供电电源，未发现明显问题。

（3）检查 GAP3 燃料控制系统 MTTB 控制柜内与 PE 燃料计量阀控制器相连的 CAN 总线电缆及相关端子接线，未发现明显问题。

（4）检查燃料调节阀控制中间继电器，未发现明显问题。为保险起见，更换新的继电器。

（5）2 号燃气轮机启动盘车时，发现 PE 燃料计量阀无法开启。4 月 5 日技术人员至现场对 PE 燃料计量阀进行清洗后，启动 PE 燃料阀控制器初始化程序对阀门活动全行程重新定位。

（6）对 PE 燃料计量阀进行清洗并初始化重新定位后，多次开关 PE 燃料计量阀，均动作灵活。

（7）咨询燃气轮机制造公司得知，燃料计量阀为 GS6 型调节阀，由 GAP3 燃料控制系统控制。运行过程中，GAP3 控制系统根据天然气需要量，发出燃料计量阀开度指令，若燃料计量阀开度未及时变化，使得阀门指令与阀位反馈相差大于 2%，则控制逻辑发出"燃机 shutdown"信号，燃料调节阀关闭，燃气轮机跳闸。同时控制系统发出"燃料计量阀流量错误"报警信息显示。

（8）进入该公司的天然气管道上共有 3 处滤网，分别安装在天然气接入口前、调压站内、燃气轮机前置撬内。

（9）现场调查得知，2019 年 3 月底至 4 月初，该公司天然气供气公司因来气杂质较多，多次对供气管道及相关系统进行了清洗。在此期间该公司内的 2 道滤网（特别是调压站内的滤网）经常发出"滤网前后差压高"报警信号，维护人员经常切换清洗，严重时每天都需要进行清洗。

4. 原因分析

（1）2 号燃气轮机跳闸的直接原因："PE 燃料计量阀流量错误"保护信号动作。

（2）"PE 燃料计量阀流量错误"保护信号动作的原因：PE 燃料计量阀阀门指令与阀位反馈相差大于 2%。

（3）PE 燃料计量阀指令与阀位反馈相差大于 2% 的原因："PE 燃料计量阀内存在少量杂质，阀门动作不顺畅"。

（4）"PE 燃料计量阀内存在少量杂质"的原因：天然气来气不洁净，滤网对杂质过滤不彻底。

5. 暴露问题

（1）PE 燃料计量阀未及时清洗，阀内存在杂质。

（2）PE 燃料计量阀前天然气 3 处滤网未及时清洗，天然气来气杂质未能有效过滤。

6. 处理及防范措施

（1）加强对天然气公司来气质量，特别是含杂质情况的跟踪，和上游天然气供气公司保持密切联系，及时掌握天然气来气质量情况，提前做好预警和防范措施。

（2）及时对天然气管道滤网进行清洗和更换，确保进入燃气轮机的天然气洁净，满足正常运行要求，当来气质量较差时，增加清洗频次。

（3）及时对燃料计量阀进行清洗，避免卡涩，当来气质量较差时，增加清洗频次。

十四、压缩空气减压阀故障

1. 设备概况

某公司建有 2 套 60MW 级燃气–蒸汽联合循环热电联产机组，于 2015 年正式投入商业运行。燃气轮机型号为 LM6000PF，蒸汽轮机型号为 LCZ10-4.9/1.3/0.6，为高压、单缸、补汽、单抽冲动凝汽式机组。

2. 事件经过

2018 年 7 月 9 日 13:30:00，2 号机组正常运行，2 号燃气轮机负荷 26MW，2 号汽轮机负荷 6.9MW。13:30:19，燃气轮机报警画面显示"气体燃料隔断阀位置错误"。13:30:31，燃气轮机报警画面显示"气体燃料供应压力低"，燃气轮机触发快速降负荷程序。13:30:32，燃气轮机熄火保护动作，燃气轮机跳闸，汽轮机联锁跳闸。更换压缩空气减压阀，试验动作正常，16:00:00 机组启动。

3. 检查情况

（1）热控人员到现场后，检查机组相关报警信息。

（2）检查控制系统所有控制器、卡件，均工作正常，无故障报警。

（3）检查控制系统逻辑，机组运行时，没有发气体燃料供应安全阀关闭指令。

（4）检查运行操作记录，机组跳闸前负荷稳定，未进行异常操作。

（5）现场检查发现，2 号燃气轮机燃料供应安全阀压缩空气减压阀调节旋钮爆开，失去压缩空气，阀门关闭（该阀为气开型开关阀），导致燃料中断，燃气轮机熄火，机组跳闸。

4. 原因分析

（1）机组停机原因为燃气轮机保护动作。

（2）燃气轮机保护动作首出为"熄火保护动作"。

（3）熄火保护动作原因为气体燃料供应安全阀关闭，燃料失去。

（4）气体燃料供应安全阀关闭原因为压缩空气气源失去。该阀为气开型开关阀，压缩空气失去后，阀门关闭。

（5）气体燃料供应安全阀压缩空气失去原因为压缩空气减压阀阀头爆裂，导致燃料供应安全阀失去气源。压缩空气减压阀现场安装情况及损坏情况如图 3-28 所示。

图 3-28 压缩空气减压阀现场安装情况及损坏情况

（6）压缩空气减压阀阀头爆裂原因为维护保养不到位，提前失效。该阀为室外布置，产品要求工作温度不超过 50℃，未做好防雨防晒措施，长期暴露太阳下，导致阀体塑料变脆、强度变低，引起阀头爆裂。压缩空气减压阀现场防护情况如图 3-29 所示。

图 3-29　压缩空气减压阀现场防护情况

5. 暴露问题

（1）设备防护不到位。压缩空气减压阀铭牌显示最高工作温度为 50℃，该阀露天布置无防护措施，夏季阳光下，温度超过设备最高工作温度，加速设备老化。

（2）隐患排查不到位。对于实际环境条件超出设备要求时，没有及时发现，导致设备逐渐老化。

6. 处理及防范措施

（1）更换质量较好的减压阀（带金属保护罩或阀头整体为金属材质）。

（2）举一反三，扩大检查范围，对于有环境要求露天布置的控制设备，做好防雨、防晒措施，避免工作环境恶化缩短使用寿命。

（3）加强设备管理，对于重要的设备（故障后影响较大甚至导致跳机的设备），做好定期检查和有计划更换工作，确保重要的设备工作在良好的状态。

十五、燃气轮机盘车球阀关反馈消失触发停机

1. 设备概况

某公司 2 号联合循环发电机组装机容量为 254MW，采用"1+1+1"双轴布置，其中燃气轮机型号为 V94.2，最大连续出力为 173MW，蒸汽轮机出力为 81MW，燃气轮机控制系统（TCS）为 SPPA-T3000。蒸汽轮机、余热锅炉分散控制系统（DCS）为 Symphony Plus。

2号燃气轮机盘车为油盘车，燃气轮机停运后打开盘车球阀，通过一定流量压力的润滑油推动燃气轮机转子转动，防止燃气轮机转子热应力变形。当燃气轮机转速大于200r/min时，为了防止润滑油进入盘车系统对燃气轮机转子平衡造成影响，燃气轮机盘车球阀应处于关闭状态。TCS控制逻辑中，燃气轮机转速大于200r/min且盘车球阀关反馈消失则触发燃气轮机顺序控制停机步序。

2. 事件经过

2023年10月12日12:06:23，2号TCS发出燃气轮机盘车球阀状态异常（关反馈消失）报警，触发燃气轮机顺序控制停机步序，2号联合循环发电机组协调及AGC自动退出，燃气轮机负荷逐渐下降。12:14:09，燃气轮机负荷降至1.5MW，TCS自动断开2204断路器，2号燃气轮机停运。12:14:11，联跳2号汽轮机。

3. 检查情况

（1）跳闸首出及历史曲线。2023年10月12日12:06:23.600，2号TCS发出"S/O-V TURNING GEAR NOT CLSD（燃气轮机盘车球阀关反馈消失）"报警，具体信息如图3-30所示。12:06:23.805，TCS发出"SGC GAS TURBINE PROT S/D"燃气轮机顺序控制停机步序，燃气轮机随后自动快速减负荷。12:14:09.802，TCS发出"SGC GAS TURBINE S54 OPEN"，自动断开2204断路器。12:14:11.163，TCS发出"UNIT PROTECTION TRIP"，联跳2号汽轮机，报警记录如图3-31所示，停机曲线如图3-32所示。

图3-30 2号燃气轮机盘车球阀关状态消失报警及触发顺序控制停机记录

Alarm Sequence Report						
Name:						
Created at:	2023/10/12 01:03:18.867 PM					
Time:	From	2023/10/12 11:50:25.272 AM		To	2023/10/12 12:30:25.272 PM	

Time	Type	Prio	Name	Designation	Value	Note
2023/10/12 12:13:15.097 PM	I&C	0	20MKC01DE503||Q_AL	POWER FACTOR	cleared	
2023/10/12 12:13:15.497 PM	I&C	0	20MKC01DE503||Q_AL	POWER FACTOR	POWER	
2023/10/12 12:13:16.297 PM	I&C	0	20MKC01DE503||Q_AL	POWER FACTOR	cleared	
2023/10/12 12:13:16.698 PM	I&C	0	20MKC01DE503||Q_AL	POWER FACTOR	POWER	
2023/10/12 12:13:33.002 PM	S	0	20MYB01EC001||XS51	SGC GAS TURBINE	[STEP 51]	
2023/10/12 12:13:33.002 PM	S	0	20MYB01EC001||XS53	SGC GAS TURBINE	STEP 53	
2023/10/12 12:13:58.599 PM	W	0	20MYB01EC001||ZS53	SGC GAS TURBINE	S53 MT	
2023/10/12 12:13:58.700 PM	W	0	20MBY10CE901||XN02	ACTIVE POWER	S53 N < 1.5	
2023/10/12 12:13:58.999 PM	W	0	20MYB01EC001||RTE	SGC GAS TURBINE	RTE	
2023/10/12 12:14:09.101 PM	W	0	20MBY10CE901||XN02	ACTIVE POWER	[S53 N < 1.5	
2023/10/12 12:14:09.802 PM	S	0	20MYB01EC001||XS53	SGC GAS TURBINE	[STEP 53]	
2023/10/12 12:14:09.802 PM	S	0	20MYB01EC001||XS54	SGC GAS TURBINE	S54 OPEN	
2023/10/12 12:14:09.802 PM	W	0	20MYB01EC001||ZS53	SGC GAS TURBINE	cleared	
2023/10/12 12:14:10.200 PM	W	0	20MYB01EC001||RTE	SGC GAS TURBINE	cleared	
2023/10/12 12:14:11.163 PM	A	0	20CHA00EZ110S||XT01	UNIT PROTECTION	TRIP	
2023/10/12 12:14:11.163 PM	W	0	20MBM0EU011||ZV03	FLAME MONITORING	BYPASSED	
2023/10/12 12:14:11.163 PM	O	0	20MKC01GS001||18556|RESET_P	Operator Response	1	
2023/10/12 12:14:11.163 PM	I&C	0	20MKC01GS001||18556|TRBL_AL	Trouble Alarm	present	
2023/10/12 12:14:11.163 PM	A	0	20MYB01EZ200||ZV01	GT HW TRIP SYSTEM	TRIP	
2023/10/12 12:14:11.263 PM	S	0	20MBP13AA051||ZG01	NG ESV	[OPEN]	
2023/10/12 12:14:11.263 PM	S	0	20MBP13AA051||ZV02	NG ESV	CMD CLS	
2023/10/12 12:14:11.263 PM	S	0	20MYB01EU010||ZV06	GT TRIP SYSTEM	CMD CLOSE	
2023/10/12 12:14:11.300 PM	S	0	20MYB01EC001||XS11	SGC NATURAL GAS	[STEP 11]	
2023/10/12 12:14:11.363 PM	W	0	20MBM00EU011||ZV03	FLAME MONITORING	[BYPASSED]	
2023/10/12 12:14:11.400 PM	S	0	20MYB01EC001||XS54	SGC GAS TURBINE	[S54 OPEN	
2023/10/12 12:14:11.400 PM	S	0	20MYB01EC001||XS55	SGC GAS TURBINE	STEP 55	
2023/10/12 12:14:11.400 PM	A	0	20MYB01EC001||ZV99	SGC GAS TURBINE	PROT S/D	
2023/10/12 12:14:11.464 PM	W	0	20BMA00CE001Q||XG01	LV SWGR VOLT L 1-L2	< 70 %	
2023/10/12 12:14:11.501 PM	A	0	20MKC01DE003||XG01	EXC SYS ALARM	BLOCKED	
2023/10/12 12:14:11.501 PM	I&C	0	20MKC01DE501||95670|Q_AL	Quality Alarm	present	
2023/10/12 12:14:11.564 PM	I&C	0	20MBL20AA010||XG01	COMPR AIR SHUTOFF	present	

图 3-31　2 号燃气轮机 2204 开关反馈单元保护报警记录

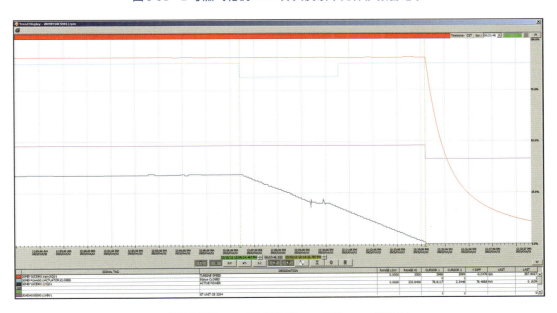

—— 汽轮机转速；—— 球阀关反馈；—— 负荷；—— 并网信号

图 3-32　2 号燃气轮机盘车球阀关反馈消失触发顺序控制停机曲线

（2）逻辑组态和保护配置。当燃气轮机转速大于 200r/min 时，燃气轮机盘车球阀关反馈消失，将触发燃气轮机顺序控制停机步序，控制逻辑如图 3-33 所示。

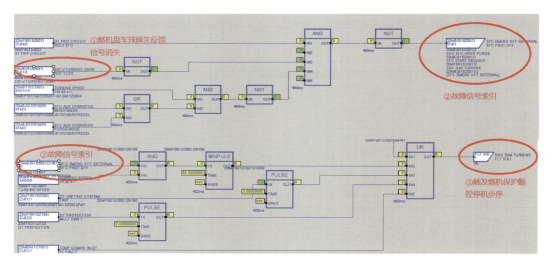

图 3-33　燃气轮机顺控停机控制逻辑

（3）盘车球阀就地抽屉情况检查。2023 年 10 月 12 日，维护部电气工作人员巡检发现 2 号燃气轮机盘车球阀就地抽屉开关分合闸把手指示位置异常，把手指示位置逆时针旋转近 45°，具体如图 3-34 所示，把手指示正常位置应该为箭头垂直向上，电气工作人员随后办理工作票进行检查。10:54:00，"2 号燃气轮机盘车球阀电源开关检查"工作票许可开工，同时"2 号燃气轮机盘车球阀电源开关检查工作防范措施"通过审批，随后组织人员开始检查工作。由于工作人员对燃气轮机保护逻辑不了解，不清楚机组运行期间盘车球阀位置关闭反馈信号涉及燃气轮机顺序控制停机步序保护逻辑，当将执行机构接线盒拔出准备对抽屉开关回路电缆绝缘检查时，2 号燃气轮机盘车球阀位置关闭反馈信号消失，触发 2 号燃气轮机顺序控制停机步序，随后机组快速降负荷停运。

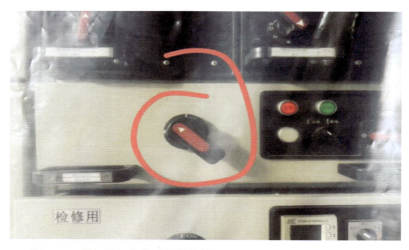

图 3-34　燃气轮机盘车球阀就地抽屉开关分合闸把手指示位置异常

　　现场检查"2 号燃气轮机盘车球阀电源开关检查防范措施"发现，工作人员对危险点辨识分析不全面，对检查风险认识不到位，对燃气轮机保护逻辑不了解，不清楚机组运行期间盘车球阀位置关闭反馈信号涉及燃气轮机顺控停机步序保护逻辑，未采取相关保护解除措施。

　　2023 年 10 月 12 日 12:56:00，电气技术人员继续对 2 号燃气轮机盘车球阀抽屉开关及其回路开展常规性能和绝缘检查，2 号燃气轮机盘车球阀电源开关把手合闸分闸操作正常，开关机构、回路接线无异常，负载回路试验合格。经进一步检查，抽屉开关把手联动机构与内部开关分合闸机构有一定余量，联动机构有轻微松动，检查情况如图 3-35 所示。经现场检查，测试装置内部未见故障，脱扣器未动作，不排除受异常外力使得把手停在异常位置。经现场查看，该位置附近区域没有监控，异常外力无法追踪。经查阅现场巡检记录，把手位置异常出现时间段为 10 月 11 日上午检查后至 10 月 12 日上午检查前。

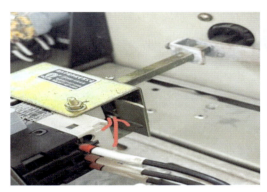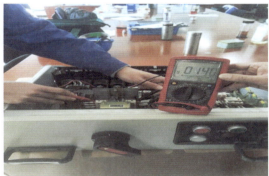

图 3-35　抽屉开关检查情况

　　2023 年 10 月 12 日 15:10:00，更换 2 号燃气轮机盘车球阀备用抽屉开关，恢复送电后对盘车球阀进行开关试验，试验数据正常。

4．原因分析

　　（1）机组停机原因。

　　1）2 号联合循环发电机组停机的原因：2 号燃气轮机运行期间盘车球阀关反馈消失，触发燃气轮机顺序控制停机步序，2 号燃气轮机停运，联跳 2 号汽轮机。

　　2）2 号燃气轮机盘车球阀关反馈消失的原因：维护部电气工作人员在进行 2 号燃气轮机盘车球阀抽屉开关回路电缆绝缘检查时将执行机构接线盒拔出，引起盘车球阀关反馈消失。

　　（2）盘车球阀抽屉开关把手位置状态异常原因。经对 2 号燃气轮机盘车球阀抽屉开关进行检查，抽屉开关把手联动机构与内部开关分合闸机构有一定余量，联动机构有轻微松动，但不会直接造成 2 号燃气轮机盘车球阀抽屉开关把手指示位置异常。

脱扣器可以被装置内部故障触发，开关会反向带动把手由工作位置至分闸位置，如果装置脱扣器内部脱扣，将不能使得机械部件完全到位，可能停在中间位置。经现场检查，测试装置内部未见故障，脱扣器未动作。可以排除脱扣器动作带动把手位置变动。

综合分析认为，在联动机构有轻微松动的条件下，异常外力可使把手停留在异常位置。经现场查看，该位置附近区域没有监控，异常外力无法追踪。

5. 暴露问题

（1）安全生产技能不足。生产人员技术水平有待加强，各专业技术人员之间缺乏沟通，对设备了解掌握欠缺。日常工作中仅关注了燃气轮机跳机保护信号，忽略了对触发燃气轮机顺序控制停机逻辑条件的梳理工作，对燃气轮机控制系统联锁保护逻辑认知存在盲区。

（2）检修维护管理不到位，危险点辨识分析不全面，对检查风险认识不到位。对检修设备涉及热工主保护条件掌握不全面，工作票防范措施不全面。

6. 处理及防范措施

（1）对 2 号燃气轮机盘车球阀执行器进行全面检查及试验，各信号状态、全开、全关功能正常。

（2）对同类型燃气轮机盘车球阀保护逻辑进行调研。根据调研情况进一步讨论燃气轮机盘车球阀逻辑控制优化方案。

（3）全面梳理燃气轮机控制逻辑中涉及保护顺序控制停机的条件，并将联合循环机组运行规程、热控检修规程中相关内容加以完善，组织相关人员进行讨论学习。

（4）进一步加强生产人员技能培训，针对此次事件暴露的问题，组织运行、维护人员开展机组重要保护的专项培训，确保重要保护全员熟知掌握。

（5）深刻吸取此次教训，组织相关生产部门召开专项分析会并发起讨论。举一反三，引以为戒，进一步增强各级生产人员设备管理能力、运行检修技术技能水平，切实提高设备的可靠性。

十六、增压机天然气出口压力波动

1. 设备概况

某公司一期工程（1、2 号机组）为 2×60MW 级燃气-蒸汽联合循环热电冷三联供机组。整套机组采用分轴联合循环方式，一套联合循环发电机组由一台燃气轮机、一台蒸汽轮机、两台发电机和一台余热锅炉及相关设备组成。燃气轮机采用 LM6000 PF Sprint 航改型燃气轮机和发电机,室外布置。汽轮机采用 LCZ10-4.9/1.3/0.6 型抽汽凝汽式汽轮机和发电机,室内布置。

天然气调压(增压)站将来自上游供气管道的天然气增压,使天然气在所要求的压力和流量下连续稳定地输入下游燃气轮机天然气前置模块中后进入燃气轮机。增压机流量调节采用滑阀调节+回流调节,当压缩机下游的用户管网用气量降低,压缩机排气压力升高到设定值后,回流阀动作,开度增大,将排气端气体回流至压缩机进气端,稳定排气压力。

2. 事件经过

2023 年 9 月 21 日 22:38:00,1 号机组燃气轮机负荷 41.84MW,汽轮机负荷 8.71MW,总供热流量 62.6t/h,主蒸汽流量 43.26t/h,机组运行参数稳定。22:38:47,1 号增压机回流阀开度由 35% 突升至 100%,1 号增压机出口压力由 4.61MPa 快速下降至 3.52MPa,"1 号增压机设定值与实际值偏差大 0.1MPa"报警,运行人员手动关闭 1 号增压机回流阀,增压机回流阀阀位反馈无变化。22:38:49,1 号燃气轮机控制系统首出报警"顺序:气体燃料供应压力低""核心:GMV 增量压差低",触发 1 号燃气轮机正常停机程序(NSD),9s 内燃气轮机负荷由 41.8MW 降到 0MW。22:39:04,1 号燃气轮机、1 号汽轮机发电机解列。

3. 检查情况

(1)现场停机检查。

1)机组停机后,现场检查压缩气管路无漏气、压力正常。

2)检查增压机回流阀处于全开状态,外观无异常。

3)远方、就地开、关增压机回流阀无反应。

4)过滤减压阀气源压力正常(0.4MPa),就地手动操作无反应,拆除定位器输出气源管,手动操作定位器发现无控制气输出,更换增压机回流阀定位器并进行自动整定后,远方进行增压机回流阀拉阀试验正常。

5)9 月 23 日将 1 号增压机回流阀定位器安装在 4 号增压机上,对定位器操作后无控制气输出,故障现象与在 1 号增压机回流阀上现象一致,具体检测情况如图 3-36 所示。

(2)历史趋势查询。查询 2023 年 9 月 21 日 1 号机组增压机回流阀与滑阀开度历史曲线。

1)增压机出口天然气压力由回流阀与滑阀共同控制,并进行动态调节,正常运行自动模式下,回流阀开度控制为 4% ~ 6%。

图 3-36　1 号增压机回流阀定位器现场检查情况

2）22:38:43，回流阀开度从 0% 上升，并在 5s 后开度达到 100%。22:38:45，回流阀开度升至 6%，滑阀在自动模式下开度持续减小。22:38:47，增压机出口压力持续下降，由 4.61MPa 快速下降至 3.52MPa。22:39:04，1 号燃气轮机、1 号汽轮机发电机解列。1 号机组增压机回流阀与滑阀开度历史曲线如图 3-37 所示。

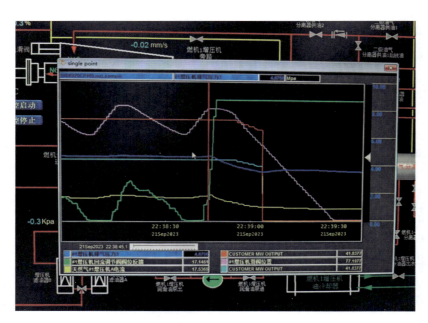

图 3-37　1 号机组增压机回流阀与滑阀开度历史曲线

（3）历史校验记录。2023 年 5 月 4 日，检查发现 1 号增压机回流阀定位器有轻微抖动，为保证 1 号燃气轮机增压机安全运行，对 1 号增压机回流阀定位器、启动执行机构、气体流量放大器全部进行更换，并且校验合格。2023 年 8 月 17 日，对 1 号机组进行停机检查及阀门校验，回流阀功能正常。

4．原因分析

（1）天然气压力低停机原因。2023 年 9 月 21 日 22:38:47，增压机天然气出口压力波动，触发 1 号燃气轮机停机程序，首出报警为"顺序：气体燃料供应压力低""核心：GMV 增量压差低"。天然气压力由增压机出口的滑阀和回流阀共同控制，正常运行自动模式下，回流阀开度控制为 4% ～ 6%。检查历史曲线发现，1 号机组增压机回流阀开度在短时间内异常增大，导致滑阀开度随之减小，从而使增压机出口压力降低，造成机组停机。

（2）增压机回流阀故障原因。就地检查 1 号增压机回流阀，发现其定位器在气源压力正常情况下，手动操作无控制气输出，更换定位器后回流阀拉阀试验正常，判断 1 号增压机回流阀定位器出现故障。对该定位器进行拆解分析，该定位器的电气转换器执行挡板故障，导致定位器出气不足，造成回流阀调节失灵。

5．暴露问题

查看定位器产品说明，该定位器的目视检查及清灰周期是 3 个月，用电装置完整性检查和功能性检查的周期是 1 年。具体分析如下：

（1）回流阀定期维护不到位，由于回流阀调节频次以秒为单位，高频次的工作条件对回流阀的可靠性有较高的要求，目前对回流阀的维护工作为每次停机进行拉阀试验，对回流阀定位器的目视检查及清灰维护落实不到位。

（2）1 号增压机 5 月更换回流阀定位器之后，仅 4 个月该定位器就出现故障，厂内其他同型号产品未发生过此类故障。该定位器故障时尚未达到第一次完整性和功能性检查的期限，其可能存在质量问题。

6．处理及防范措施

（1）加强回流阀的定期校验和日常维护管理工作，保证回流阀部件的可靠性。
（2）对厂内气动机构定位器进行排查，检查同型号定位器是否存在相似问题。

第四章

余 热 锅 炉

第一节　防止余热锅炉损坏事故重点要求

1. 防止锅炉满水和缺水事故

（1）汽包锅炉应至少配置 2 只彼此独立的就地汽包水位计和 3 只远传汽包水位计。水位计的配置应采用两种以上工作原理共存的配置方式，以保证各种运行工况下对锅炉汽包水位的正确监视。按 DL/T 1393《火力发电厂锅炉汽包水位测量系统技术规程》中汽包水位测量系统的量程相关要求，应配置大量程的差压式或电极式汽包水位测量装置。

（2）汽包水位计的安装。

1）取样管应穿过汽包内壁隔层，管口应尽量避开汽包内水汽工况不稳定区（如安全阀排汽口、汽包进水口、下降管口、汽水分离器水槽处等），若不能避开时，应在汽包内取样管口加装稳流装置。

2）汽包水位计水侧取样管孔的位置应低于锅炉汽包水位低停炉保护动作值，汽侧取样管孔的位置应高于锅炉汽包水位高停炉保护动作值，并应有足够的裕量。

3）水位计、水位平衡容器或变送器与汽包连接的取样管，应至少有 1∶100 的斜度；就地联通管式水位计的汽侧取样管位置高于取样孔侧位置，水侧取样管位置低于取样孔侧位置；差压式水位计的汽侧取样管位置低于取样孔侧位置，水侧取样管位置高于取样孔侧位置。

4）新安装的机组必须核实汽包水位取样孔的位置、结构及水位计平衡容器安装尺寸，均符合要求。

5）差压式水位计严禁采用将汽水取样管引到一个连通容器（平衡容器），再在平衡容器中段或中高段引出差压水位计的汽水侧取样的方法。

（3）汽包就地水位计的零位应以制造厂提供的数据为准，并进行核对、标定。

（4）按规程要求定期或检修后对汽包水位计进行零位校验，核对各汽包水位测量装置间的示值偏差，当同一侧水位测量偏差大于 30mm 或不同侧水位在各自取中间测量值后的偏差大于 50mm 时，应立即汇报，并查明原因予以消除。

（5）严格按照运行规程及各项制度，对水位计及其测量系统进行检查及维护。机组启动调试时应对汽包水位校正补偿方法进行校对、验证，并进行汽包水位计的热态调整及校核。新机组验收时应有汽包水位计安装、调试及试运专项报告，并应将其列入验收主要项目之一。

（6）当一套水位测量装置因故障退出运行时，应填写处理故障的工作票，工作票应写明故障原因、处理方案、危险因素预告等注意事项，一般应在 8h 内恢复。若不能完成，应制定措施，经主管领导批准，允许延长工期，但最多不能超过 24h，并报上级主管部门备案。

（7）当不能保证两种类型水位计正常运行时，必须停炉处理。

（8）锅炉高、低水位保护要求如下：

1）锅炉汽包水位高、低保护应采用独立测量的"三取二"逻辑判断方式。当有一点因某种原因须退出运行时，应自动转为"二取一"逻辑判断方式，办理审批手续，限期（不宜超过 8h）恢复；当有两点因某种原因须退出运行时，应自动转为"一取一"逻辑判断方式，应制定必要的安全运行措施，严格执行审批手续，限期（8h 以内）恢复，如逾期不能恢复，应立即停止锅炉运行。当自动转换逻辑采用品质判断等作为依据时，在逻辑正式投运前应进行详细试验确认，不可简单地采用超量程等手段作为品质判断。

2）锅炉汽包水位保护所用的三个独立的水位测量装置输出的信号均应分别通过三个独立的 I/O 模件引入 DCS 的冗余控制器。每个补偿用的汽包压力变送器也应分别独立配置，其输出信号引入相对应的汽包水位差压信号 I/O 模件。

3）锅炉汽包水位保护在锅炉启动前和停炉前应进行实际传动校检。用上水方法进行高水位保护试验、用排污门放水的方法进行低水位保护试验，严禁用信号短接方法进行模拟传动替代。

4）锅炉汽包水位保护的定值和延时值随炉型和汽包内部结构不同而异，延时值的设置还应符合防止瞬间虚假水位误动及防止事故时水位偏差进一步扩大导致重大事故的原则，汽包水位保护的定值和延时值应由锅炉制造厂确定，不应自行设置。

5）锅炉水位保护的停退，必须严格执行审批制度。

6）汽包锅炉水位保护是锅炉启动的必备条件之一，水位保护不完整严禁启动。

（9）当在运行中无法判断汽包真实水位时，应紧急停炉。

（10）给水系统中各备用设备应处于正常备用状态，按规程定期切换。当失去备用时，应制定安全运行措施，限期恢复投入备用。

（11）建立锅炉汽包水位、主给水流量测量系统的维修和设备缺陷档案，对各类设备缺陷进行定期分析，找出原因及处理对策，并实施消缺。

（12）运行人员必须严格遵守值班纪律，监盘思想集中，经常分析各运行参数的变化，调整要及时，准确判断及处理事故。不断加强运行人员的培训，提高其事故判断能力及操作技能。

2. 防止锅炉承压部件失效事故

（1）各单位应成立防止压力容器和锅炉爆漏工作小组，加强专业管理、技术监督管理和专业人员培训考核，健全各级责任制。

（2）新建锅炉产品的制造、安装过程应由特种设备监检单位实施制造、安装阶段监督检验。锅炉投入使用前或投入使用后 30 日内，使用单位应按照 TSG 08—2017《特种设备使用管理规则》办理使用登记，申领使用登记证。不按规定检验、办理使用登记的锅炉，严禁投入使用。

（3）电站锅炉范围内管道包括主给水管道、主蒸汽管道、再热蒸汽管道等，其应符合 TSG 11—2020《锅炉安全技术规程》的要求。建设单位采购该范围内管道中使用的元件组合装置［减温减压装置、堵阀、流量计（壳体）、工厂化预制管段］时，应在采购合同中注明"要求按照锅炉部件实施制造过程监督检验"。制造单位制造上述元件组合装置时，应向经国家市场监督管理总局核准的具备锅炉或压力管道监督检验资质的检验机构提出监检申请，由检验机构按照安全技术规范和相关标准实施制造过程监督检验，合格后出具监督检验报告和证书。未经监督检验合格的管道元件组合装置不得在电站锅炉范围内管道中使用。

（4）严格做好锅炉制造、安装和调试期间的监造和监理工作。新建锅炉承压部件在安装前必须进行安全性能检验，并将该项工作前移至制造厂，与设备监造工作结合进行。在役锅炉结合机组检修开展承压部件、锅炉定期检验。锅炉检验项目和程序按《特种设备安全监察条例》（国务院令第 549 号，2009 年修订版）、《中华人民共和国特种设备安全法》以及 TSG 11—2020《锅炉安全技术规程》、DL/T 647《电站锅炉压力容器检验规程》、TSG 21—2016《固定式压力容器安全技术监察规程》和 DL/T 438《火力发电厂金属技术监督规程》等相关规定进行。

（5）防止超压超温的重点要求。

1）严防锅炉缺水和超温超压运行，严禁在水位表数量不足（指能正确指示水位的水位表数量）、安全阀解列的状况下运行。

2）参加电网调峰的锅炉，运行规程中应制定相应的技术措施。

3）锅炉超压水压试验和安全阀整定应严格按 DL/T 612《电力行业锅炉压力容器安

全监督规程》、DL/T 647《电站锅炉压力容器检验规程》、DL/T 959《电站锅炉安全阀技术规程》执行。

4）装有一、二级或多级旁路系统的机组，机组启停时应投入旁路系统，旁路系统的减温水须正常可靠。

5）锅炉启停过程中，应严格控制主蒸汽温度和再热蒸汽温度变化速率。

6）锅炉承压部件使用的材料应符合 GB/T 5310《高压锅炉用无缝钢管》和 DL/T 715《火力发电厂金属材料选用导则》的规定，材料的允许使用温度应高于计算壁温并留有裕度。

（6）防止设备大面积腐蚀的重点要求。

1）严格执行 GB/T 12145《火力发电机组及蒸汽动力设备水汽质量》、DL/T 246《化学监督导则》、DL/T 561《火力发电厂水汽化学监督导则》、DL/T 889《电力基本建设热力设备化学监督导则》、DL/T 712《发电厂凝汽器及辅机冷却器管选材导则》、DL/T 956《火力发电厂停（备）用热力设备防锈蚀导则》、DL/T 794《火力发电厂锅炉化学清洗导则》、DL/T 300《火电厂凝汽器及辅机冷却器管防腐防垢导则》等有关规定，加强化学监督工作。

2）机组运行时凝结水精处理设备严禁全部退出。机组启动时应及时投入凝结水精处理设备。

3）凝结水精处理系统再生时要保证阴阳离子交换树脂的分离度和再生度，防止再生过程发生交叉污染，阴树脂的再生剂应满足 GB/T 209《工业用氢氧化钠》中离子膜碱一等品要求，阳树脂的再生剂应满足 GB 320《工业用合成盐酸》中优等品的要求。精处理树脂投运前应充分正洗，应控制阴树脂正洗出水电导率小于 $1\mu S/cm$、阳树脂正洗出水电导率小于 $2\mu S/cm$、混合树脂正洗出水电导率小于 $0.1\mu S/cm$；串联阳床＋阴床系统，控制阴、阳树脂在再生设备中单独正洗电导率小于 $1\mu S/cm$，投运前设备串联正洗至末级出水电导率小于 $0.1\mu S/cm$，防止树脂中的残留再生酸液被带入水汽系统而造成炉水 pH 值大幅降低。

4）应定期检查凝结水精处理混床和树脂捕捉器的完好性，防止凝结水精处理混床树脂在运行过程中漏入热力系统，其分解产物影响水汽品质，造成热力设备腐蚀。

5）加强循环冷却水处理系统的监督和管理，严格按照动态模拟试验结果控制循环水的各项指标，防止凝汽器管材腐蚀、结垢及泄漏。当凝结器管材发生泄漏造成凝结水品质超标时，应及时查漏、堵漏。

6）当运行机组发生水汽质量劣化时，严格按 GB/T 12145—2016《火力发电机组及蒸汽动力设备水汽质量》中的第 15 条、DL/T 561—2013《火力发电厂水汽化学监督导则》中的第 6 条、DL/T 805.4—2016《火电厂汽水化学导则 第 4 部分：锅炉给水处理》

中的第 9 条处理，严格执行"三级处理"制度。

7）按照 DL/T 956《火力发电厂停（备）用热力设备防锈蚀导则》的要求进行机组停用保护，防止锅炉、汽轮机、凝汽器（包括空冷岛）、热网换热器等热力设备发生停用腐蚀。

8）在大修或大修前的最后一次检修时应割取水冷壁管并测定垢量，按 DL/T 794《火力发电厂锅炉化学清洗导则》的相关规定及时进行机组化学清洗。

9）热网疏水等各类温度较高的工质禁止直接进入给水系统，应降温后接入凝汽器，并经精处理设备处理后进入给水系统，以免造成给水水质劣化。

（7）防止炉外管爆破的重点要求。

1）加强炉外管巡视，对管系振动、水击、膨胀受阻、保温脱落等现象应认真分析原因，及时采取措施。炉外管发生漏汽、漏水现象，必须尽快查明原因并及时采取措施，如不能与系统隔离处理应立即停炉。

2）按照 DL/T 438《火力发电厂金属技术监督规程》的要求，对汽包、集中下降管、联箱、主蒸汽管道、再热蒸汽管道、弯管、弯头、阀门、三通等大口径部件及其焊缝进行检查，及时发现和消除设备缺陷。对于不能及时处理的缺陷，应对缺陷尺寸进行定量检测及监督，并做好相应技术措施。

3）定期对导汽管、汽水联络管、下降管等炉外管以及联箱封头、接管座等进行外观检查、壁厚测量、圆度测量及无损检测，发现裂纹、冲刷减薄或圆度异常复圆等问题应及时采取打磨、补焊、更换等处理措施。

4）加强对汽水系统中的高、中压疏水、排污、减温水等小径管的管座焊缝、内壁冲刷和外表腐蚀现象的检查，发现问题及时更换。

5）按照 DL/T 616《火力发电厂汽水管道与支吊架维修调整导则》的要求，对支吊架进行定期检查和调整。

6）对于疏水管道、放空气管等存在汽水两相流的管道，应重点检查其与母管相连的角焊缝、母管开孔的内孔周围、弯头等部位的裂纹和冲刷，其管道、弯头、三通和阀门运行 10 万 h 后，宜结合检修全部更换。

7）定期对喷水减温器检查，混合式减温器每隔 1.5 万～3 万 h 检查一次，应采用内窥镜进行内部检查，喷头应无脱落、喷管无开裂、喷孔无扩大，联箱内衬套应无裂纹、腐蚀和断裂。减温器内衬套长度小于 8m 时，除工艺要求的必须焊缝外，不宜增加拼接焊缝；若必须采用拼接时，焊缝应经 100% 探伤合格后方可使用。防止减温器喷头及套筒断裂造成过热器联箱裂纹，面式减温器运行 2 万～3 万 h 后应抽芯检查管板变形、内壁裂纹、腐蚀情况及芯管水压检查泄漏情况，以后每大修检查一次。

8）在检修中，应重点检查可能因膨胀和机械原因引起的承压部件爆漏的缺陷。

9）机组投运的第一年内，应对主蒸汽和再热蒸汽管道的不锈钢温度套管角焊缝进行渗透和超声波检测，并结合每次 A 级检修进行检测。

10）锅炉水压试验结束后，应严格控制泄压速度，并将炉外蒸汽管道存水完全放净，防止发生水击。

11）焊接工艺、质量、热处理及焊接检验应符合 DL/T 869《火力发电厂焊接技术规程》和 DL/T 819《火力发电厂焊接热处理技术规程》的有关规定。

（8）防止锅炉四管爆漏的重点要求。

1）建立锅炉承压部件防磨防爆设备台账，制定和落实防磨防爆定期检查计划、防磨防爆预案，完善防磨防爆检查、考核制度。

2）定期检查水冷壁刚性梁四角连接及燃烧器悬吊机构，发现问题及时处理，防止因水冷壁晃动造成水冷壁泄漏。

3）锅炉发生四管爆漏后，必须尽快停炉。在对锅炉运行数据和爆口位置、数量、宏观形貌、内外壁情况等信息做全面记录后方可进行割管和检修。应对爆漏原因进行分析，分析手段包括宏观分析、金相组织分析和力学性能试验，必要时对结垢和腐蚀产物进行化学成分分析，根据分析结果采取相应措施。

4）运行时间接近设计寿命或发生频繁泄漏的锅炉过热器、再热器、省煤器，应对受热面管进行寿命评估，并根据评估结果及时安排更换。

5）达到设计使用年限的机组和设备，必须按规定对主设备特别是承压管路进行全面检查和试验，组织专家进行全面安全性评估，经主管部门审批后，方可继续投入使用。

6）对新更换的金属钢管必须进行光谱复核，焊缝100%探伤检查，并按 DL/T 869《火力发电厂焊接技术规程》和 DL/T 819《火力发电厂焊接热处理技术规程》的要求进行热处理。

7）加强锅炉水冷壁及集箱检查，以防止裂纹导致泄漏。

第二节　余热锅炉故障典型案例

一、余热锅炉低压蒸发器腐蚀泄漏

1. 设备概况

某公司两台余热锅炉于 2008 年投产。低压蒸发器设计分为Ⅰ、Ⅱ、Ⅲ级受热面，设计压力 1.1MPa，工作压力 0.61MPa；设计温度 188℃，工作温度 166℃。低压蒸发器位于模块Ⅲ，顺着烟气流向，分别为低蒸Ⅰ级、低蒸Ⅱ级、低蒸Ⅲ级，横向84排。管子材质SA210-A-1，规格ϕ38mm×2.6mm。

2. 事件经过

2015年4月6日，1号余热炉低压蒸发器管在运行中发生泄漏。停炉后检查，泄漏点为低蒸Ⅰ级前排右数第42根、后排右数第37、41、42、54根，共5根，泄漏点均位于上联箱接管座焊口下侧50mm范围内。图4-1是泄漏宏观形貌，图4-2是内部内窥镜检查宏观形貌，观察其泄漏形貌具有典型的流动加速腐蚀（FAC）后的金属表面宏观形貌特征。截至泄漏停炉时，累计运行时间为41296h。

图4-1 1号炉低蒸Ⅰ级前排右数　　　　图4-2 1号炉低蒸Ⅰ级后排右数
第42根、后排第42根管泄漏宏观形貌　　　　第37根管泄漏形貌

3. 检查情况

2015年4月10、11日，完成对1号余热锅炉低压蒸发器扩大面积内窥镜检查，检查结果如下：①低蒸Ⅰ级腐蚀严重，腐蚀比例为80.6%；②低蒸Ⅱ级腐蚀较严重，腐蚀比例为44.1%；③低蒸Ⅲ级抽检未发现腐蚀现象。

2015年4月12日，对2号余热锅炉低压蒸发器Ⅰ级进行检查，同样存在腐蚀现象，腐蚀程度相比1号余热锅炉略轻。

4. 原因分析

从腐蚀检查结果看，两台余热锅炉腐蚀情况完全相同。分析认为由于低压蒸发器发生流动加速腐蚀（FAC），管子壁厚减薄，最终发生泄漏。余热锅炉在正常运行中，碳钢材质的低压蒸发器模块的管子内部与工质接触表面会生产一层Fe_3O_4保护层，但是由于介质存在气液两相共存的状态，造成低压蒸发器内介质存在停滞、倒流、膜态沸腾等情况，引起管子内部与工质接触表面连续水膜造成破坏，造成Fe_3O_4保护层溶解于水，材料失去Fe_3O_4保护，管子壁厚减薄，发生FAC失效。低压蒸发器系统工作压力比设计值低，使管内介质的密度随之降低，管内介质流速升高，高流速加速氧化膜减薄并引起碳钢腐蚀速率增大，加剧 FAC 发生。Fe_3O_4 在水中的溶解速度与温度、pH 值有很大关系。

5. 同类案例

某公司 2 号余热锅炉型号为 FW-283(40)(41)/11.23(3.17)(1.01-0019FAHRSG)，高、中、低三压，一次中间再热，卧式，无补燃，属自然循环余热锅炉。机组于 2005 年投产。2012 年 5 月，机组停机中发现余热锅炉内有水汽漏出，烟囱下部排水口有大量的水。判定炉内有泄漏点，打开人孔门检查发现余热锅炉顶部低压蒸发器处泄漏。进一步检查发现泄漏位置为低压蒸发器中间组联箱炉前向后第 2 排西侧数第 1 根泄漏。管子材料为 SA 178-A，规格 $\phi 38.1mm \times 2.67mm$。

打开联箱内部进行内窥镜检查，发现联箱封头处第 1、2 根对联箱内壁的上圈，以及第 1、2 根联箱出口处（近 100mm 范围内），类似空蚀现象十分严重。进一步检查联箱内部和第 3、4 根，类似空蚀的现象大大减少。对联箱封头位置"天窗"顶盖检查，发现第 1 根对应位置减薄十分明显。

为确认此现象是否为普遍现象，扩大检查范围，对炉顶低压蒸发器西侧模块南往北第 2 个联箱东侧进行检查，发现具有典型的流动加速腐蚀（FAC）后的金属表面宏观形貌特征。

6. 暴露问题

（1）设计方面：对低压蒸发器管内工质流速考虑不足，未充分考虑流动加速腐蚀对备选材料的影响。

（2）运行方面：存在局部超温现象，导致 FAC 加速发生。

（3）四管防磨防爆检查不到位：对联箱接管座附近温度较高、有可能发生液汽转变导致流速急剧增加的重点区域未开展定期测厚，并用内窥镜检查和割管抽查。

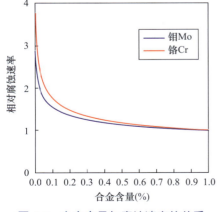

图 4-3 合金含量与腐蚀速率的关系

7. 防范及处理措施

（1）更换管材材质。经研究表明，在碳钢中加入易钝化的 Cr、Ni、Mo 合金元素，这些金属自身不但容易形成结构致密耐蚀的氧化膜，还有助于碳钢表面形成结构致密的羟基氧化铁保护膜，因此在碳钢中加入部分易钝化合金对防止 FAC 十分有利。合金含量与腐蚀速率的关系如图 4-3 所示，从图中可以看出，碳钢极易发生 FAC，随着钝化合金含量的增加，腐蚀速率明显下降。此次材料更换为 T22 合金钢，该材料含 Cr 量大于 1.25%，能有效抑制 FAC 腐蚀的发生。

（2）加强运行管理。余热锅炉汽水品质的控制对部件的可靠性和有效性至关重要。建议严格控制水化学参数，采用在线监测的方式实时掌握余热锅炉低压蒸发器的各项水化学参数。对于不含 Cr 的低压蒸发器管，水化学控制过程中可含有微量溶解氧，促进管内表面保护性氧化膜的形成；对于含 Cr 的低压蒸发器管，水化学控制过程中溶解氧可控制在较低的水平。建议定期对各类水化学监测探头进行校准，加强低压蒸发器内部温度监测，防止产生烟气走廊和局部超温。

对于余热锅炉系统，由于无法避开 FAC 易发温度区间，因此在设计阶段尽量降低工质流速是避免发生 FAC 腐蚀的途径之一。运行时，应将管内工质流速控制在 5m/s 左右。经过计算，该余热锅炉低压蒸发器前排管内工质流速达到 11～12m/s，已经严重超设计流速。因此，后续运行中应采取相应的技术措施降低流速，以减轻 FAC 发生的程度。

（3）加强检修维护。重点检查工质流速较高的余热锅炉低压蒸发器，并对联箱接管座附近温度较高、有可能发生液汽转变导致流速急剧增加的重点区域进行测厚，并用内窥镜检查和割管抽查。

二、余热锅炉受热面鳍片锈蚀严重导致排烟受阻

1. 设备概况

某公司建有多套 F 级燃气-蒸汽联合循环发电机组，一期机组于 2005 年投产，运行方式主要为日开夜停。余热锅炉为三压、再热、卧式、无补燃、自然循环余热锅炉。锅炉本体受热面采用 N/E 标准设计模块结构，由垂直布置的顺列螺旋鳍片管和进出口集箱组成，以获得最佳的传热效果和最低的烟气压降。燃气轮机排出的烟气通过进口烟道进入锅炉本体，依次水平横向冲刷各受热面模块，再经出口烟道由主烟囱排出。沿锅炉宽度方向各受热面模块均分成三个单元，各受热面模块内的受热面组成见表 4-1。

表 4-1　　　　　　　　　　各受热面模块内的受热面组成

模块编号	模块 1	模块 2	模块 3	模块 4	模块 5	模块 6
受热面名称	高压过热器 2/再热器 2	再热器 1/高压过热器 1	高压蒸发器/低压过热器 2/中压过热器	高压省煤器 2/中压蒸发器	高压省煤器 1/中压省煤器/低压过热器 1/低压蒸发器	凝结水加热器 2/凝结水加热器 1

2. 事件经过

运行近 10 年后，发现燃气轮机余热锅炉模块 4～6 受热面鳍片锈蚀严重，排烟受阻，余热锅炉负荷 300MW 时阻力已经达到报警值，严重影响机组效率，增大燃气轮机气耗。

3. 检查情况

检查发现模块 4 ～ 6 受热面鳍片锈蚀较严重，鳍片之间间隙变小。

4. 原因分析

9F 燃气轮机余热锅炉受热面为模块化，管排鳍片之间仅有 5mm 的间隙。由于烟气和停炉期间水汽对螺旋鳍片锈蚀，致使鳍片增厚，鳍片之间间隙变小、受热面通流面积减少，长期运行后燃气轮机排气运行阻力显著增加。

5. 暴露问题

余热锅炉受热面管排鳍片间隙偏小，余热锅炉停炉保养措施不完善，容易发生鳍片锈蚀。

6. 处理及防范措施

（1）为有效清除受热面鳍片铁锈、减少烟气气流阻力，采用压力波清理技术，利用可燃气体和空气混合气体引爆产生的冲击波清理受热面鳍片铁锈。

（2）完善余热锅炉停炉保养措施。

三、余热锅炉高压过热器腐蚀泄漏

1. 设备概况

某公司余热锅炉（HRSG）为双压（高压为主蒸汽，低压为汽轮机低压补汽）、无补燃、卧式、自然循环露天布置的余热锅炉。余热锅炉直接接受燃气轮机排气，中间不设旁路烟道，采用塔式布置，全悬吊管箱结构，由进口烟道、换热室、出口烟道及烟囱组成。锅炉本体受热面均为螺旋齿形鳍片管，垂直布置于换热室内，受热面上、下两端分别设有上集箱与下集箱，每个集箱上有两个吊点将该管束的荷载传递到炉顶钢架上。锅炉本体受热面由高压过热器、高压蒸发器、高压省煤器、低压过热器、低压蒸发器、低压省煤器等组成。高压汽包内蒸汽经过 34 个旋风分离器汽水分离和均汽板二次分离洗汽后进入高压过热器，高压过热器蒸汽温度采用两级喷水调节，在高压过热器一级与高压过热器二级之间布置有一级减温，在高压过热器二级出口布置有二级减温。余热锅炉主要参数见表 4-2。

表 4-2 　　　　　　　　　　　　余热锅炉受热面模块设计

项目	单位	数值
高压部分最大连续蒸发量	t/h	233.87
高压部分额定蒸汽出口压力	MPa	7.95

续表

项目	单位	数值
高压部分额定蒸汽出口温度	℃	523.4
低压部分最大连续蒸发量	t/h	57.38
低压部分额定蒸汽出口压力	MPa	0.63
低压部分额定蒸汽出口温度	℃	225.7
凝结水温度	℃	33.5
凝结水泵出口压力	MPa	2.67
高 / 低循环倍率		8/25
低压省煤器入口温度	℃	75
低压省煤器再循环量	t/h	90

2. 事件经过

2020 年 2 月 7 日，4 号炉高压过热器受热面多处发生泄漏，漏点位于高压汽包后第一级高压过热器管段，此第一级过热器前无减温水，泄漏处在第一级高压过热器联箱出口向下垂直管段约 1m 处，漏点位置、漏点分布如图 4-4、图 4-5 所示。管子材质为15CrMoG，规格为 $\phi38mm \times 2.8mm$。

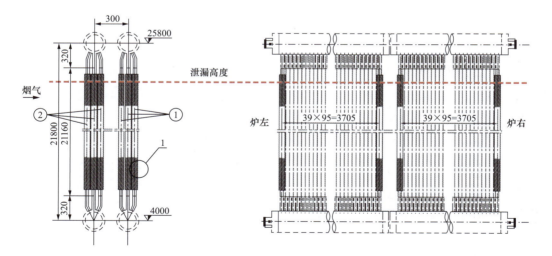

图 4-4　漏点位置

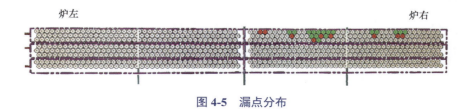

图 4-5　漏点分布

从泄漏位置分析，泄漏位置在第一级高压过热器入口联箱下部约 1m 位置，该处温度与其他位置高压过热器相比温度较低，且泄漏管为垂直管段，不易出现停运期间的积水，可基本排除单纯因温度或单纯停运氧腐蚀导致的泄漏爆管；从泄漏点分布来看，爆管集中在炉右侧，且分布较为均匀，说明有导致炉右侧爆管的特殊因素。

3. 检查情况

（1）金相检查和拉伸试验。

1）金相检查。金相试样取自送检的两根爆口高压过热器管样，如图 4-6 所示，检查爆口处管样外观，如图 4-7 所示，其宏观特征为断口边缘尖锐，表面无明显胀粗、鼓包、变色等异常，分析为管壁腐蚀减薄直至局部应力超过强度极限后发生脆性破裂。分别对正常内管壁处及爆口减薄处进行金相检测，正常内管壁处金相组织为铁素体＋珠光体＋贝氏体，如图 4-8 所示，珠光体区域明显，珠光体中的碳化物呈层片状，为未球化组织；爆口尖端处金相组织为铁素体＋极少量碳化物颗粒，如图 4-9 所示，没有发现腐蚀裂纹，珠光体已完全消失，球化评级为 4.5 级，组织球化较为严重，因组织球化区域较小，其原因可能为运行过程中爆口尖端处因垢样传热不佳导致长期过热或者管壁外鳍片焊接热影响。

图 4-6　送检的高压过热器管样

图 4-7　泄漏处外观形貌

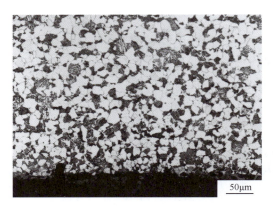

图 4-8　正常管壁金相　　　　　　　　图 4-9　爆口尖端处金相

2）拉伸试验。对正常管样和泄漏管样分别进行拉伸试验，拉伸试验数据对比见表 4-3，通过数据分析泄漏管样机械性能没有明显变化。

表 4-3　　　　　　　　　　　　　　　拉伸试验数据对比

管样名称	规定塑性延伸强度 $R_{P0.2}$（MPa）	抗拉强度 R_m（MPa）	断后伸长率 A_{50mm}（%）
正常管样	394	527	22.5
泄漏管样	423	542	19.0

（2）化学检查分析。泄漏处管壁及垢层有以下特征：

1）垢层集中在向火侧，且垢层较厚，平均达 3 ～ 4mm，垢层覆盖位置的向火侧管壁存在明显减薄情况，背火侧基本无垢层，管壁及垢层形貌如图 4-10 所示。

2）垢层呈多层状，内层亮黑色、外层呈红褐色，剖管后垢层形貌、漏点形貌、垢层 SEM 形貌如图 4-11 ～图 4-13 所示。

图 4-10　管壁及垢层形貌

图 4-11　剖管后垢层形貌

图 4-12　漏点形貌

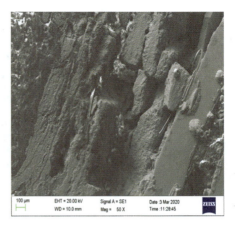

图 4-13　垢层 SEM 形貌

3）经过酸洗将垢层清除后，垢层下存在明显的腐蚀情况，且部分垢层较致密，稳定性较好，不易清洗溶解，酸洗后未溶解垢层形貌、酸洗后漏点处形貌如图 4-14、图 4-15 所示。

图 4-14　酸洗后未溶解垢层形貌

图 4-15　酸洗后漏点处形貌

（3）结垢成分分析。利用扫描型 X 射线荧光光谱仪（型号 ZSXPrimusIIX）对垢样进行成分分析，垢样成分分析结果如图 4-16 所示。

由图 4-16 可知，垢样主要成分为 Fe_2O_3、SiO_2、CrO_3、Na_2O 和 Al_2O_3 分别占比 84.0%、5.76%、3.28%、2.17% 和 1.65%。由以上成分占比可知，垢样的主要成分为 Fe_2O_3，但同时存在硅垢、钠盐、铝盐总比重为 9.58% 的盐垢，说明过热器存在积盐积垢的异常情况，需要对积盐积垢的原因进行分析。

（4）汽包检查。对汽包内情况进行了检查发现，高压汽包内水位线基本清晰，如图 4-17 所示；高压汽包右侧人孔门由外向里的第 3 只旋风分离器筒体倾倒，如图 4-18 所示。查阅以往汽包内检查记录发现出现过旋风分离器倾倒的情况，而且出现过汽包顶部均汽板脱落的异常情况。

No.	组分	结果	单位	检测限	元素谱线	强度	w/o 正常
						2020- 2-28 13:58	

SQX 计算结果

样品：2002020001
分析方法：F-U_Solid_N_000　　　样品类型：氧化物粉末

分析日期：2020-2-28 13:31
平衡：
匹配库：
杂质校正：

样品厚度校正：
文件：2002020001

No.	组分	结果	单位	检测限	元素谱线	强度	w/o 正常
1	Na$_2$O	2.17	mass%	0.02855	Na-KA	1.5884	2.0980
2	MgO	0.116	mass%	0.01625	Mg-KA	0.2316	0.1124
3	Al$_2$O$_3$	1.65	mass%	0.00601	Al-KA	9.1258	1.5998
4	SiO$_2$	5.76	mass%	0.00735	Si-KA	29.7439	5.5815
5	P$_2$O$_5$	0.725	mass%	0.00330	P -KA	9.3392	0.7024
6	SO$_3$	0.365	mass%	0.00303	S -KA	4.0075	0.3537
7	Cl	0.0381	mass%	0.00449	Cl-KA	0.2901	0.0369
8	K$_2$O	0.145	mass%	0.00388	K -KA	1.5274	0.1402
9	CaO	0.659	mass%	0.00400	Ca-KA	7.1641	0.6384
10	TiO$_2$	0.161	mass%	0.00993	Ti-KA	0.6842	0.1560
11	CrO$_3$	3.28	mass%	0.00953	Cr-KA	38.0591	3.1725
12	MnO$_2$	0.533	mass%	0.01168	Mn-KA	7.4900	0.5157
13	Fe$_2$O$_3$	84.0	mass%	0.02380	Fe-KA	1611.7342	81.3665
14	Ni$_2$O$_3$	0.117	mass%	0.00554	Ni-KA	1.4599	0.1131
15	CuO	0.122	mass%	0.00592	Cu-KA	2.1788	0.1184
16	ZnO	0.0531	mass%	0.00454	Zn-KA	1.3006	0.0514
17	MoO$_3$	0.0700	mass%	0.00329	Mo-KA	8.2428	0.0678

图 4-16　垢样成分分析结果

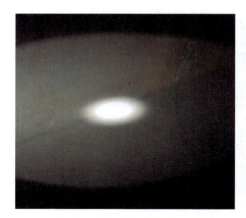

图 4-17　高压汽包水位线明显

图 4-18　旋风分离器筒体倾倒

4. 原因分析

汽包内汽水分离装置工作状态异常，导致盐类杂质通过溶解携带和机械携带进入高压一级过热器，蒸汽及水滴在高压一级过热器入口处被加热烘干，盐类杂质沉积在温度较高的向火侧并形成盐垢，盐垢下管壁温度升高，并出现盐类杂质浓缩现象，引发垢下腐蚀，导致管壁不断减薄最终发生爆管。

5. 暴露问题

余热锅炉防磨防爆检查不细致，没有落实好水汽品质监督和控制工作。

6. 处理及防范措施

（1）检查饱和蒸汽相关在线化学仪表的准确性，落实对饱和蒸汽定期化验监督项目的执行情况，落实饱和蒸汽样水的代表性，检查是否有单侧取样的问题。

（2）检修时按标准要求做好汽包及其他受热面的检查工作，对于汽包内出现的异常情况进行认真分析，根据情况对受热面的检查提出针对性的指导意见。

（3）检修时要对汽包内部旋风分离器和均汽板等部件进行重点检查，防止运行过程中的倾倒和脱落问题的出现。

（4）运行时做好水汽品质监督和控制工作，并严格控制汽包水位，防止水位大幅波动，定期做好炉水排污工作，保证优良蒸汽品质。

四、余热锅炉中压蒸发器泄漏

1. 设备概况

某公司 1 号机组为 F 级燃气–蒸汽联合循环发电机组（GE STAG 109FA-SS），机组设备采用 PG9351FA 型燃气轮机、D10 型蒸汽轮机和 390H 型发电机，单轴室内布置。余热锅炉采用 NG-901FA-R 型三压、再热、无补燃、卧式自然循环锅炉。余热锅炉受热面采用 N/E 标准模块设计，沿烟气流向分成 6 个模块，余热锅炉受热面模块设计见表 4-4。每个受热面均由垂直布置的顺列螺旋鳍片管和进、出口集箱组成。

中压蒸发器共 105 排，每排布置 5 根鳍片管，管子规格为 $\phi50.8mm \times 2.67mm$，管材质为 SA-210-C，管外缠绕开齿鳍片，鳍片材质为 SA-210-C。联箱规 $\phi355.6mm \times 35.71mm$，材质为 SA-106B。余热锅炉中压蒸发器设计参数见表 4-5。

表 4-4　　　　　　　　　余热锅炉受热面模块设计

模块名	受热面名称
模块 1	高压过热器 2、再热器 2
模块 2	再热器 1、高压过热器 1
模块 3	高压蒸发器、低压过热器 2、中压过热器
模块 4	高压省煤器 2、中压蒸发器
模块 5	高压省煤器 1、中压省煤器、低压过热器 1、低压蒸发器
模块 6	低压省煤器 1、低压省煤器 2

表 4-5 　　　　　　　　　　　　　余热锅炉中压蒸发器设计参数

名称	单位	中压蒸发器
烟气流量	t/h	2370
设计烟气压力	kPa	5
烟气压降	kPa	0.18
进口烟气温度	℃	266
出口烟气温度	℃	236
烟气温降	℃	30
放热量	GJ/h	76
传热效率	%	99.5
工质流量	t/h	40.05
设计压力	MPa	2.83
进口工质压力	MPa	2.39
出口工质压力	MPa	2.35
工质压降	MPa	0.04
出口工质温度	℃	223

1 号机组 2020 年启动 90 次，停机 90 次；2021 年启动 84 次，停机 84 次；2022 年启动 183 次，停机 183 次；2023 年至 7 月 1 日启动 120 次，停机 120 次。

2. 事件经过

2023 年 7 月 8 日，某公司发现 1 号机组余热锅炉中压蒸发器上联箱泄漏，于当天向省调申请停机消缺。因保供需求，省调未同意消缺计划。7 月 14 日，继续按照省调计划启动 1 号机组进行顶峰运行。1 号机组 07:47 点火，07:56 并网，08:28 退出温度匹配加负荷。08:50 机组负荷 287MW，天然气流量 58368m³/h，中压给水流量 60t/h，中压蒸发器出口温度 240℃，运行人员发现中压汽包水位快速下降，为了维持中压汽包水位，立即启动备用中压给水泵增大补水，并向省调申请后，紧急手动停机。省调要求紧急处理后再并网。经临时处理，机组于 7 月 14 日 10:06 并网，在勉强完成当天顶峰任务后，省调安排 7 月 15 日 00:00 至 7 月 18 日 24:00 共计 4 天的调停消缺计划。机组停机处理后，于 7 月 19 日 11:45 并网。机组停机过程曲线如图 4-19 所示。

3. 检查情况

（1）现场检查情况。中压蒸发器上联箱进口管焊口泄漏，具体为 B 向 A 侧数第 31

排、后向前第 5 根泄漏，泄漏点位于模块最内部的第五根，泄漏情况如图 4-20 所示，中压蒸发器布置结构如图 4-21 所示。

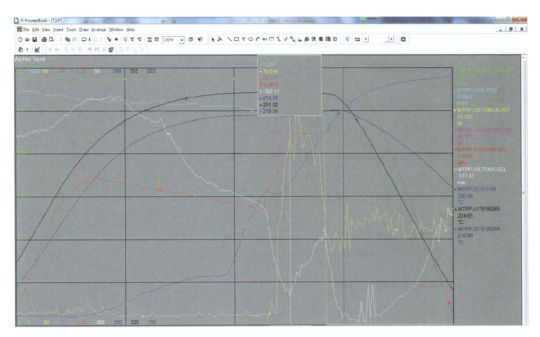

图 4-19　机组停机过程曲线

图 4-20　泄漏情况

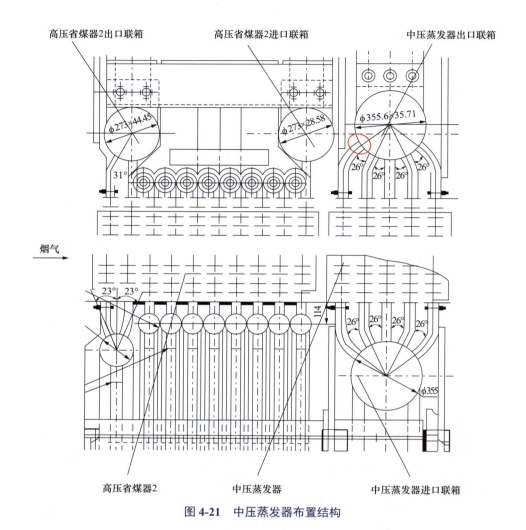

图 4-21 中压蒸发器布置结构

由于管排模块化设计，空间狭小，无法换管，将附近第 32 排第 5 根、第 33 排第 5 根进行割除，共计 3 根。将割除管隔离出系统，在上、下集箱处用闷头进行封堵。

经宏观和硬度检查，泄漏处的管内无腐蚀，管子硬度及壁厚均在正常范围内，排除腐蚀或过热原因引起的泄漏。

（2）机组启停情况。1 号机组为调峰机组，2020 年启停 90 次，2021 年启停 84 次，2022 年启停 183 次，2023 年至 7 月 1 日启停 120 次。

此次泄漏的裂纹产生于上联箱入口管的管座角上焊缝熔合处，由于中压蒸发器联箱上管座设计采用根部不焊透的插接式管座连接形式，在焊缝处极易产生内部微裂纹焊接缺陷。机组频繁启停，在长期交变应力作用下，导致焊缝处的微裂纹缓慢向外壁扩展，最终造成泄漏。

4．原因分析

余热锅炉中压蒸发器上联箱入口管采用的管座设计形式极易在焊缝处产生内部微裂纹焊接缺陷。机组频繁启停，在长期交变应力作用下，使焊缝处的微裂纹缓慢向外壁扩展，最终造成泄漏。

5．暴露问题

余热锅炉防磨防爆检查不细致，对设备长期频繁启停在联箱进、出口管座焊缝处带来的应力风险预估不足。

6．处理及防范措施

（1）将泄漏管相邻的2根管进行割除，共计3根。将割除管隔离出系统，在上、下集箱处用闷头进行封堵。

（2）在检修时对类似位置加强排查，无检查空间处利用内窥镜进行抽检。

（3）联系锅炉厂进行中压蒸发器模块更换的可行性技术论证。

第五章

电 气 设 备

第一节　防止电气设备损坏事故重点要求

1. 防止发电机事故

（1）大修时应利用内窥镜检查等方法，检查转子绕组引线及固定结构等是否存在松动、过热、开裂等迹象，并进行转子直流电阻测量和分析，当消除测试条件影响后直流电阻存在明显增大时，应进一步查阅绕组引线是否存在异常。

（2）新机出厂时或现场安装绕组后应进行定子绕组端部起晕试验，并提供试验报告。定子绕组运行于空气介质的，应根据检修计划定期进行电腐蚀查阅，并进行电晕试验确定起晕电压及放电点位置，根据电晕试验结果及发展趋势制定处理方案。定子绕组运行于氢气介质的，当端部检查存在明显电腐蚀特征时，应开展起晕试验，并根据试验结果指导修复工作。

（3）集电环小室内附属部件、固定螺栓应安装牢固，电缆应靠近小室边缘布置，防止部件脱落掉入集电环与碳刷之间，引起集电环、碳刷故障。集电环小室底部与基础台板间不应留有间隙，防止异物进入造成转子接地故障。

（4）机组检修期间应对交直流励磁母线箱内部进行清擦，检查相关连接设备状态。机组投运前励磁绝缘应无异常变化。

（5）为防止绝缘受潮，氢冷发电机运行中，应严格控制机内氢气湿度。保证氢气干燥器始终处于良好工作状态，并定期进行在线监测和手工检测比对，防止单一指示误差造成误导。机组停机状态下，处于空气环境中的绕组应根据环境湿度采取驱潮措施；充氢状态下，应根据氢气湿度情况启动氢气干燥器强制除湿功能。

2. 防止变压器事故

（1）油浸式真空有载分接开关轻瓦斯报警后应暂停调压操作，并对气体和绝缘油进行色谱分析，根据分析结果确定恢复调压操作或进行检修。

（2）拆装气体继电器时应检查法兰密封垫情况、安装时严格按照安装工艺进行，防止安装工艺不当造成法兰密封垫失效。

（3）为防止在有效接地系统中不接地变压器中性点出现高幅值的雷电、工频过电压，对中性点额定雷电冲击耐受电压大于185kV的110～220kV不接地变压器，中性点过电压保护应采用无间隙避雷器保护；对于110kV变压器，当中性点额定雷电冲击耐受电压不大于185kV时，原则上应优先采用水平布置的间隙保护方式，对已采用间隙并联避雷器的组合保护方式仍可继续保留使用。对于间隙，在雷雨季节前或间隙动作后，应检查间隙的烧损情况并校核间隙距离。

（4）生产厂家首次设计、新型号或有运行特殊要求的220kV及以上电压等级变压器在首批次生产系列中应进行例行试验、型式试验和特殊试验（承受短路能力的试验视实际情况而定）。

第二节　电气设备故障典型案例

一、发电机定子接地故障

1. 设备概况

某公司9号发电机为全氢冷390H发电机，发电机主要参数见表5-1。9号机组于2013年12月正式移交试生产，2017年4月发电机进行了检查性大修，修前发电机运行时间为4135h，点火启动次数230次。2019年2月，9号机组安排了季节性检修，9号发电机进行了电气预防性试验，修前发电机运行时间为7841h，点火启动次数为469次。

截至2019年6月10日，9号机组运行小时数为8540h，点火启动次数501次。机组运行方式主要为调峰运行，运行时经常日开夜停。

表5-1　　　　　　　　　　　　　发电机主要参数

项目	参数
额定功率	397.8MW
额定电压	19kV
额定电流	14221A
额定功率因数	0.85
额定频率	50Hz
额定转速	3000r/min
定子绕组接线	YYY

项目	参数
励磁方式	静止励磁
励磁电压	750V
励磁电流	1998A
额定氢压	0.414MPa
冷却方式	定子铁芯氢内冷，定子绕组氢外冷，铁芯表面冷却、转子绕组氢内冷

2. 事件经过

2019 年 6 月 9 日 20:38:00，正常停机，按调度要求 6 月 10 日 6:35:00 正常启动后并网，机组运行平稳，发电机内各处温度、电流、电压正常，机组带 350MW 正常运行。2019 年 6 月 10 日 7:59:18，9 号发电机跳闸，控制系统报 9 号发电机差动跳闸、9 号发电机定子接地跳闸。

3. 检查情况

（1）保护动作。9 号发电机保护装置型号为 PCS-985B，现场检查保护动作情况，9 号发电机第一、二套保护显示差动保护动作。

（2）事故录波。故障录波波形如图 5-1 所示。故障时，机端 A 相电流为 38.03kA，机端 B 相电流为 49.93kA；保护装置录波显示情况：机端零序电压 15.13kV，中性点零序电压为 4.06kV，故障 A、B 相差动电流为 8 倍额定电流（122.3kA），故障跳闸时间为 68ms 左右。PCS-985B 两套保护装置报告：8ms 比率差动保护动作、8ms 跳闸出口动作、11ms 差动速断保护动作、20ms 发电机工频变化量差动动作、77ms 励磁系统故障联跳跳闸、1006ms 定子零序电压保护动作、9036ms 控制系统解列。

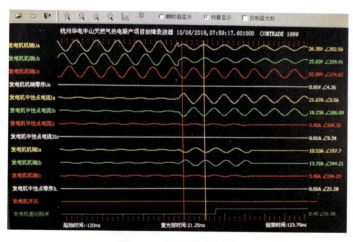

图 5-1 故障录波波形

（3）试验检查。

1）对发电机三相定子绕组和转子进行分相直阻测量，A 相直阻为 1.080mΩ，B 相直阻为 1.449mΩ，C 相直阻为 0.884mΩ，与出厂值比较 A 相偏差率为 19.23%，B 相偏差率为 61.31%，C 相偏差率为 0.39%。转子直阻为 270.2mΩ，与出厂值比较偏差率为 0.8%。

2）对发电机三相定子绕组和转子进行分相绝缘测量，A 对 BC 及地均为 0.52MΩ，B 对 AC 及地均为 0.52MΩ，C 对 AB 及地均为 1628MΩ，转子绕组绝缘 20000MΩ。对 C 相作直流泄漏检查，加压到 37kV 跳闸。

（4）解体检查。6 月 21 日，发电机转子抽出后发现发电机励端有明显的故障点，具体在励端 9 点钟方向线棒出槽口转角位置，事故中心最严重区域为 24 ～ 26 号槽线棒出槽口转角位置，其中 24 号槽上层线棒、25 号槽上下层线棒和 26 号槽下层线棒严重烧毁，并波及相邻线棒，目视检查 12 根下层线棒和 21 根上层线棒不同程度受损，定子绕组端部表面以及边端铁芯表面均有铜渣。6 月 30 日，在拆除 24 号槽上层线棒后，在 25 号槽渐开线表面发现一个烧熔变形的 $\phi 10mm$ 垫片。

事故区域定子绕组引线正常。定子边端铁芯紧度良好，事故区域内端部波纹板无窜出现象，后续拆解线棒时进一步检查。发电机励端其他区域正常，但表面受碳粉、铜渣等杂物污染。发电机汽端正常，无磨损和松动现象，但端部波纹板局部有微小移位。故障区域如图 5-2 ～图 5-9 所示。

图 5-2　定子线棒主要的短路故障区域（一）　　图 5-3　定子线棒主要的短路故障区域（二）

图 5-4　定子线棒短路故障点近照

图 5-5　短路故障区域 25 号槽铁芯受损情况

图 5-6　金属异物发现的位置

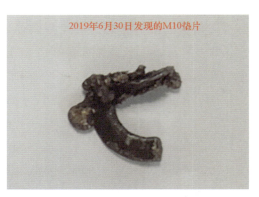

图 5-7　此次发现的金属异物

图 5-8　励端故障区域及并联环整体
（7 ～ 10 点钟方向）

图 5-9　励端并联环（9 点钟方向）

（5）转子检查。转子护环靠近铁芯端部有局部黑色污染物，转子护环及转子通风口污秽情况如图 5-10 所示，疑似定子端部事故中喷射造成，转子护环内转子线圈局部转角匝间绝缘窜出，具体情况如图 5-11 所示，端部金属弹簧片有窜位。

图 5-10　转子护环及转子通风口污秽情况

图 5-11　护环内转子线圈转角匝间绝缘窜出

（6）其他检查。汽、励端氢侧密封瓦有过热发黑痕迹，具体情况如图 5-12、图 5-13 所示，发黑位置相隔近 180°。

图 5-12　密封瓦（一）

图 5-13　密封瓦（二）

4. 原因分析

（1）9 号机组停机原因。9 号发电机断路器跳闸，机组全停。

（2）发电机断路器跳闸原因。9 号发电机保护第一、二套保护差动动作出口跳闸。

（3）差动保护动作的原因。故障时，机端 A 相电流为 38.03kA，机端 B 相电流为 49.93kA；中性点 A 相电流为 84.6kA，中性点 B 相电流为 73.67kA。保护装置录波显示情况：机端零序电压 15.13kV，中性点零序电压为 4.06kV，故障 A、B 相差动电流为 8 倍额定电流（122.3kA），为 AB 相相间短路，达到差动保护动作值。

（4）相间短路原因分析。此次故障区域在励端 24～26 号槽上下层线棒出槽口区域，这块区域下层线棒排列较密，有大量固定绑扎物，空间结构复杂为极不均匀电场。两点电压较大，且路径最短，一旦发生短路，则造成严重事故。该位置烧毁最为严重，与现场检查情况基本相符。励端 24 号上层线棒为 A 相分支出线侧第二根线棒、励端 25、26 号上层线棒各为 B 相分支出线侧第一根线棒、26 号下层线棒为 B 相分支出线侧第三根线棒，此四根线棒均为高电位。相间短路时故障相线棒之间的电压基本上为线电压 19kV。

此次故障的主要原因是在励端 24、25、26 号线棒出槽口处存在一个 ϕ10mm 的铁制垫片（具体尺寸为内径 10.5mm，外径 20mm，厚 1mm）。发电机运行中此垫片受发电机励端漏磁和风速影响在励端 24、25、26 号线棒出槽口这个窄小空间区域内发热、振动，对 24、25、26 号槽上下层线棒的绝缘进行破坏最终造成发电机相间短路。故障区域如图 5-14 ～图 5-18 所示。

图 5-14 故障区域相同排列的位置 3 点钟方向（一）

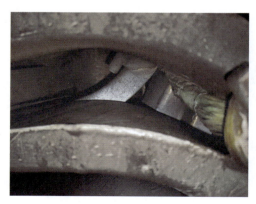

图 5-15 故障区域相同排列的
位置 3 点钟方向内部图（二）

图 5-16 故障对侧相同排列的
位置 3 点钟方向（三）

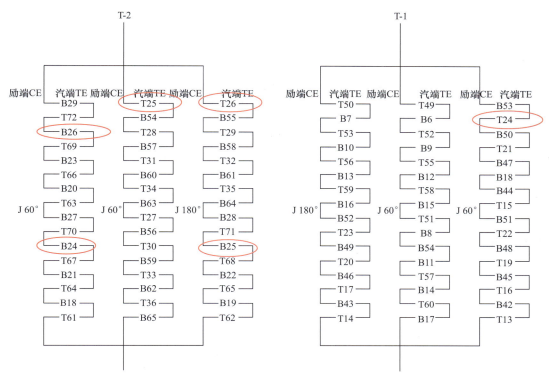

图 5-17 发电机定子分支接线示意图

图 5-18 24 号槽下层线棒发现已经烧蚀的垫片

5. 暴露问题

近年来，新投产的发电机因制造、安装问题引起发电机异物遗留，最终导致发电机定子接地、相间故障的事件屡有发生。此次故障也暴露了目前缺少技术手段检测发电机膛内微小金属遗留物。一旦在发电机定子生产、运输、安装阶段遗留微小金属件时，在某些隐蔽区域业主单位无法通过现有电气试验和目视检查手段及时发现。

2017 年对 9 号发电机进行检查性大修时，在定子膛内发现一个 M10 的螺母，其具体情况如图 5-19 所示。该螺母在发电机膛内运行了近 4 年，导致转子表面与定子铁芯不同程度磨损。定子铁芯表面磨损较严重数量约为 18 处，各个位置有不同程度发热现象。磨损情况如图 5-20 所示。

图 5-19　2017 年定子膛内发现 M10 的螺母

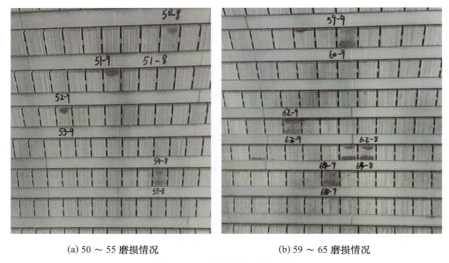

(a) 50 ～ 55 磨损情况　　　　　　(b) 59 ～ 65 磨损情况

图 5-20　定子铁芯表面磨损

在此次故障前，发电机仅进行过一次解体大修。此次发现的垫片与 2017 年发现的 M10 螺母为配套金具，其对比情况如图 5-21 所示，推断为发电机制造或基建安装时遗留物。

在 2017 年大修时，因发电机发现螺母和膛内铁芯受损进行了发电机高磁通铁心磁化试验，发现了两点温升故障点并进行了处理。由于励端线棒出槽口渐开线区域在铁芯试验中的高磁通衰减严重，磁场较小铁磁异物不会产生加热。24 ～ 26 号槽区域空间结构复杂，目视遮挡严重，在发电机交流耐压试验前，利用紫外成像仪进行了发电机定子起晕试验，在该区域未发现光子数有明显增加。同时，一个厚度仅 1mm 的平垫片很难通过目视检查发现。因此在大修期间电气试验和清理检修时均未发现该垫片。目前也没有相应电气试验可以在该位置发现类似尺寸的微小金属异物。

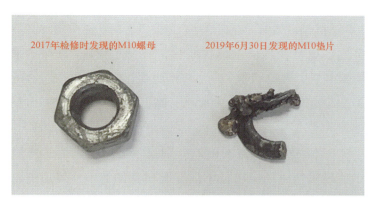

图 5-21　历年发现的金属异物比较

6. 处理及防范措施

（1）处理方案。

1）目前发电机定子励端故障经目视检查已造成 12 根下层线棒和 21 根上层线棒不同程度受损。此次故障是发电机生产厂家国产化线棒后第一台发生相间故障的 390H 发电机，为保证修复质量和日后的安全运行，将发电机上、下层共计 144 根线棒整体抬出。对导线受损的线棒进行全部更换，对其他线棒进行返厂重做绝缘。待新线棒和修复后线棒返回到现场后，进行发电机下线工作，恢复上下层连接片重装绝缘盒、定子槽楔等发电机线棒回装工作。整体装配后按 JB/T 6204《高压交流电机定子线圈及绕组绝缘耐电压试验规范》的要求行交流耐压试验。

2）对转子端部进行清理和窜位处理。在现场拔护环，对转子端部进行清理，并对转子匝间绝缘和金属弹簧板窜位进行处理。

3）对发电机励端整体固定环等进行紧固检查。

4）对密封瓦及其相关紧固件进行更换处理。

（2）防范措施。

1）严格执行现场检修工艺纪律，防止螺母、螺栓、垫片、工具等金属杂物遗留定子内部，特别应对端部线圈槽口夹缝之间等不易检查部位，借助内窥镜和磁性条等对异物进行检查。

2）落实发电机进出腔检修工作制度，对工具进行编号登记，对进出腔工作人员物品、工具进行核查等，保证检修过程中不在发电机内部遗留异物。

二、发电机转子两集电环之间短路

1. 设备概况

某公司 3、4 号机组于 2017 年投入商业运行，3 号燃气轮机发电机保护采用 DGT801UB 数字式发电机变压器组保护装置，3 号励磁变压器保护采用 DGT801UD 数字式变压器保护装置，发电机保护 A、B 柜为保护双重化配置。3 号励磁变压器为 ZLSCB-3600/6.3 干式变压器，容量 3600kVA，高低压侧变比为 6300/1250。3 号机励磁采用 EX2100e 励磁系统。

3 号发电机集电环小室进风道的两侧分别设置滤网，风道的外侧进风口设置粗滤网，集电环小室进风口（风道出口）设置配精滤的滤网，风道进、出风口滤网如图 5-22、图 5-23 所示。

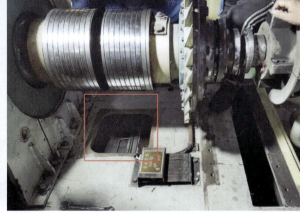

图 5-22　风道进风口滤网　　　　　图 5-23　风道出风口滤网

2. 事件经过

2020 年 5 月 1 日 23:48:00，3、4 号机组运行，1、2 号机组备用，3 号机组负荷 140MW，4 号机组负荷 89MW，中压供热量 15t/h，低压供热量 20t/h。23:48:52，3 号机组发电机-变压器组保护 A 柜、发电机-变压器组保护 B 柜均发励磁变压器过电流保护动作信号，机组跳闸。

3. 检查情况

（1）保护装置检查情况。

1）发电机-变压器组保护 A 柜动作信息。现场查看发电机-变压器组保护 A 柜动作信息，2020 年 5 月 1 日 23:48:52 发励磁变压器过电流保护动作信号。查看 23:48:52 发电机–变压器组保护 A 柜相关数据：过电流定值 1400A，延时 0.2s，电流速断定值为 5530A，延时 0s，励磁变压器高压侧 B 相电流 15.178A（二次值），电流互感器变比 500/5，一次值 1517.8A，未达到电流速断定值，达到过电流保护定值，故励磁变压器过电流保护延时 0.2s 动作出口，机组跳闸。

2）发电机–变压器组保护 B 柜动作信息。现场查看发电机–变压器组保护 B 柜动作信息，2020 年 5 月 1 日 23:48:52 发励磁变压器过电流保护动作信号。查看 23:48:52 发电机–变压器组保护 B 柜相关数据：励磁变压器高压侧 B 相电流 15.569A（二次值），电流互感器变比 500/5，一次值 1556.9A，达到过电流保护定值，机组跳闸。

3）发电机–变压器组故障录波器动作信息。23:48:52.120 前，3 号励磁变压器高压侧电流 127.5A（二次值 0.255A），3 号机励磁电流约 806A（二次值 8.335mA，变送器输出），励磁电压约 218V（二次值 7.5mA，变送器输出）。23:48:52.120 后，3 号励磁变压器高压侧电流突增至 1250A（二次值 2.5A），并持续升高；3 号机组励磁电流超量程（变送器最大输出 20mA），按高压侧电流换算，励磁电流约 7659A；励磁电压约 200V（二次值 7.2mA，变送器输出）。23:48:52.360，3 号励磁变压器高压侧电流上升至 1450A（二次值 14.5A）；3 号机励磁电流按高压侧电流换算约 9246A；励磁电压约 106V（二次值 5.7mA，变送器输出）。23:48:52.597，3 号机出口断路器和灭磁开关合位信号消失，3 号励磁变压器高压侧电流、3 号机励磁电流及电压均降至 0A。

23:48:52.624，收到 3 号机出口断路器跳闸反馈。23:48:52.680，收到 3 号机灭磁开关跳闸反馈。在此期间，3 号发电机机端电流及电压几乎无变化，6kV 母线电压从 6.4kV（二次值 59.16V 相电压）降至 5.9kV（二次值 54.85V 相电压）。

4）励磁调节器检查情况。励磁装置就地控制器报 "EX Tripped on 86G Customer Lockout"（保护出口继电器导致灭磁开关跳闸）、"The Exciter has tripped"（灭磁开关已跳闸）、"Alarm is present on the exciter"（励磁系统目前有告警），励磁装置就地控制器所列事件信息均为灭磁开关跳闸后各类 SOE 事件记录，无保护动作及故障信息，励磁调节器信息如图 5-24 所示。

5）发电机一次设备检查情况。调看监控画面，5 月 1 日 23:48:52 左右，3 号燃气轮机集电环小室有弧光。进一步检查励磁刷架、集电环本体，发现正负极之间绝缘筒表面有受热产生的颜色变化和剥落现象。集电环表面、电刷、刷架

图 5-24 励磁调节器信息

等无明显烧灼痕迹，电刷接触面光滑，长度满足要求。

现场盘车停运，拆除励磁刷架后检查发现细金属丝，进风滤网精滤破损，确认金属丝为集电环小室进风滤网精滤所采用的材料。集电环正负极相对的侧面发现放电产生的灼烧点，具体情况如图 5-25 所示。

(a) 集电环小室内碎屑　　　(b) 破损的滤网　　　(c) 灼烧后的绝缘筒　　(d) 灼烧后集电环侧面

图 5-25　发电机一次设备检查情况

（2）试验检查情况。测量 3 号励磁变压器高压侧绝缘为 1000MΩ（含高压侧电缆）；励磁变压器高压侧星形绕组直阻为 17.8mΩ（10A）。测量 3 号励磁变压器低压侧绝缘为 20MΩ（含低压侧电缆）；低压侧三角形绕组直阻为 2.2mΩ（10A）。

3 号燃气轮机转子绕组绝缘、直阻及零转速交流阻抗试验数据正常。检查最近一次相关试验记录，无异常。

4. 原因分析

（1）机组停运的直接原因：发电机－变压器组保护 A、B 柜励磁变压器过电流保护动作。

（2）保护 A、B 柜励磁变压器过电流保护动作的原因：励磁变压器高压侧电流达到保护动作定值，保护动作出口跳闸。

（3）发生励磁变压器高压侧过电流的原因：发电机转子两集电环之间发生短路。

（4）转子两集电环之间短路的原因：发电机电刷小室进风口滤网精滤部分经过滤网框架拼接处缝隙进入集电环小室，搭接在两集电环之间。

（5）滤网精滤部分进入集电环小室原因：进风侧滤网精滤部分损坏脱落并且滤网精滤部分被灰尘堵塞严重，由于轴流风机的负压作用，经滤网框架拼接缝隙被冷却风吸入进入集电环小室。

5. 暴露问题

（1）电气一次设备隐患排查不到位，从事件结果看，集电环小室进风道内侧滤网清扫周期偏长（关于清扫周期，设备厂家资料中无明确规定，2019 年 9 月利用检修机会进行过清扫），精滤积灰造成差压大而疲劳断裂；未重视滤网框架拼接处存在可见的缝隙的问题，以及异物从此缝隙进入集电环小室造成故障的风险。

（2）集电环小室风道滤网存在设计缺陷，进风道两侧均设置滤网，运行中内侧滤网是否清洁无法监控，滤网积灰后会影响集电环小室的冷却效果且无法清理，滤网积灰后吸力大破坏滤网并吸入集电环，存在设计隐患。

（3）集电环小室内侧滤网存在设计缺陷，滤网由中间部分金属粗滤外侧覆盖金属精滤组成，运行时风量较大，滤网破损后容易吸入小室，导致集电环、电刷等短路或接地。

（4）集电环小室进风口滤网质量较差。滤网质量存在问题，在使用期限内滤网精滤部分损坏脱落，并且滤网框架存在一定程度的弯曲，导致滤网框架的拼接处存在缝隙。

6. 处理及防范措施

（1）将受损的集电环绝缘套筒表面进行打磨处理后，对绝缘套筒表面涂环氧树脂，并测量绝缘套筒对集电环的绝缘电阻，绝缘电阻合格。

（2）修订检修规程，优化清扫集电环小室风道及滤网周期，利用停机或检修时间进行清扫，细化进风口滤网维护措施，并严格执行。

（3）严格把关集电环小室进风口滤网产品质量。

三、有载调压分接开关故障

1. 设备概况

某公司有三台"一拖一"燃气–蒸汽联合循环发电机组，其中抽凝机组 2 台，背压机组 1 台。燃气轮机发电机采用 6F.01 型燃气机组，汽轮机采用 LZC22-5.8/0.4/0.3（抽凝）和 LB10-5.8/0.3 型（背压）汽轮机，总装机容量 214MW，全厂配置 3 台 220kV 主变压器，二条 220kV 线路连接至约 14.4km 处的变电站。

主设备情况：燃气发电机为 6F.01 型空冷发电机，采用无刷励磁系统；汽轮发电机为空冷发电机，采用无刷励磁系统；主变压器采用三相式、自然油循环自冷、双线圈铜绕组有载调压、分体式变压器；GIS 为 220kV、SF_6 气体绝缘金属封闭组合电器；二次设备包括发电机、主变压器、电抗器、线路保护、计量、远动、通信、直流（UPS）系统、自动化装置等二次设备。

机组主接线：1 号燃气轮机与 2 号汽轮机引接到 1 号主变压器并网，3 号燃气轮机与 4 号汽轮机引接到 2 号主变压器并网，5 号燃气轮机与 6 号汽轮机引接到 3 号主变压器并网。

2. 事件经过

2020 年 8 月 2 日 1、2、3、4 号发电机正常运行，机组负荷总 120MW，5、6 号背压机组热备用状态，其中 1、2 号主变压器 120MW 负载运行；3 号主变压器空载热备用运行，1 号主变压器中性点接地运行，2、3 号主变压器中性点不接地运行。

8 月 2 日 20:54:993，×× Ⅱ线 2212 断路器跳闸，随后 2、3 号主变压器有载开关重瓦斯保护动作，3、4 号发电机组跳闸，甩负荷 60MW。现场检查发现 2、3 号主变压器的有载调压分接开关压力释放动作并出现泄油情况。事件发生后 1、2 号机组处于运行状态，3、4、5、6 号机组处于退备状态。

3. 检查情况

（1）2 号主变压器检查情况。进入 2 号主变压器油箱内部检查，发现 A、C 相高压绕组有明显的变形情况，具体如图 5-26 所示；有载调压分接开关芯体 A、B 相间隙烧毁、限流电阻烧毁，具体如图 5-27 所示；有载调压分接开关油室底部有损坏，具体如图 5-28 所示，其余检查内容与结果见表 5-2。

图 5-26　2 号主变压器高压绕组 A、C 相有明显变形迹象

图 5-27 2 号有载调压分接开关烧损情况

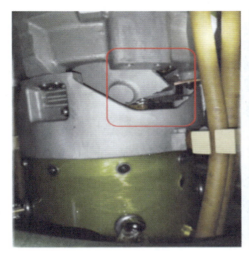
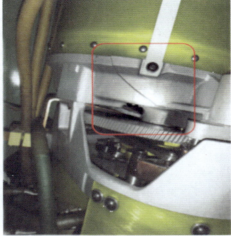

图 5-28 2 号主变压器有载调压分接开关油室底部损坏情况

表 5-2   2 号主变压器本体检查情况

序号	检查内容	检查结果
1	2 号主变压器套管	无异常
2	2 号主变压器升高座	无异常
3	2 号主变压器油箱外部接地线	无异常
4	2 号主变压器油箱箱体压力	负压
5	2 号主变压器储油柜	无油
6	2 号主变压器升高座放气塞	放不出油
7	2 号主变压器有载开关分接位置	处于 11 分接位置
8	2 号主变压器开关压力释放阀	已动作，并喷油
9	2 号主变压器开关气体继电器	已动作
10	2 号主变压器开关油流继电器	玻璃视窗已损坏

序号	检查内容	检查结果
11	2 号主变压器开关芯子	吊芯检查，存在明显放电痕迹
12	2 号主变压器中性点保护间隙	保护间隙为 268mm，两极存在明显放电痕迹
13	2 号主变压器中性点避雷器	放电计数器显示为 0
14	2 号主变压器开关室与本体不应连通	开关油室与本体连通

（2）3 号主变压器检查情况。对 3 号主变压器本体进行检查，受损情况如图 5-29 所示，其余检查内容与结果见表 5-3。

图 5-29　3 号有载开关损坏情况

进入 3 号主变压器油箱内部检查，未发现 A、B、C 相高压绕组有明显变形、窜动、松动情况。绕组两端整齐不窜动、无松动情况，分接线与有载连接端子牢固。

表 5-3　　　　　　　　　　3 号主变压器本体检查情况

序号	检查内容	检查结果
1	3 号主变压器套管	无异常
2	3 号主变压器升高座	无异常
3	3 号主变压器油箱外部接地线	无异常
4	3 号主变压器油箱箱体压力	正压
5	3 号主变压器储油柜	有油
6	3 号主变压器升高座放气塞	放不出油
7	3 号主变压器有载开关分接位置	处于 11 分接位置
8	3 号主变压器开关压力释放阀	已动作，并喷油
9	3 号主变压器开关气体继电器	已动作
10	3 号主变压器开关油流继电器	玻璃视窗已损坏
11	3 号主变压器开关芯子	吊芯检查，存在明显放电痕迹
12	3 号主变压器中性点保护间隙	保护间隙为 268mm，两极存在明显放电痕迹
13	3 号主变压器中性点避雷器	放电计数器显示为 0
14	3 号主变压器开关室与本体不应连通	开关油室与本体连通

（3）变压器油主要成分的色谱分析。故障发生后，于8月3日分别对2、3号主变压器油进行取样化验，化验结果见表5-4。

表5-4　　　　　　　　　　2、3号主变压器油化验结果

设备名称	CO	CO_2	H_2	CH_4	C_2H_6	C_2H_4	C_2H_2	ΣC
2号主变压器	558.70	6102.01	77.90	8.53	1.20	4.89	9.01	23.63
3号主变压器	203.89	3341.13	59.28	18.60	4.33	22.62	38.97	84.52

根据DL/T 722《变压器油中溶解气体分析和判断导则》中的三比值法判断为电弧放电。分析认为，有载调压分接开关放电电弧较强，有一部分乙炔混入变压器主体，造成本体油的总烃含量增加。

（4）2、3号主变压器故障后常规试验。8月3日21:30:00—23:00:00，对3、4号主变压器低压侧的封闭母线进行检查，未见异常。对变压器封闭母线进行绝缘电阻测试合格。2、3号主变压器故障后常规试验各项结果合格。

（5）线路及主变压器保护检查情况。××Ⅱ线2212跳闸保护信号为"保护启动、B相纵联差动保护动作、重合闸动作、ABC相纵联差动保护动作"，测距保护显示故障点在Ⅱ线距离电厂13.4km处；2号主变压器跳闸保护信号为"2号主变压器有载调压重瓦斯"；3号主变压器跳闸保护信号为"3号主变压器有载调压重瓦斯"；3、4号发电机跳闸原因是2号主变压器保护动作。1号主变压器带1号燃气轮机发电机和2号汽轮机发电机组60MW负荷送出Ⅰ线运行正常。

（6）录波器检查情况。对线路和2台机组录波器的相关信息进行了查看。

线路录波器信息：2020年8月2日20:54:25:993系统××Ⅱ线发生B相单相接地故障，线路保护动作；59ms后线路断路器跳开；644ms后线路断路器重合；697ms后线路三重开关加速跳开。

2号主变压器录波器信息：98ms后2号主变压器有载调压压力释放动作；107ms后2号主变压器有载调压重瓦斯保护动作；112ms后3号燃气轮机出口断路器断开；130ms后4号汽轮机出口断路器断开；133ms后2号主变压器高压侧断路器断开。

3号主变压器录波器信息显示：97ms后3号主变压器有载调压压力释放动作；134ms后3号主变压器有载调压重瓦斯保护动作；161ms后3号主变压器高压侧断路器断开。

电网变电站故障录波装置$3U_0$波形图如图5-30所示，分析波形图可知电网220kV线路B相和110kV线路B相同时发生接地故障，57ms后110kv线路C相接地。经了解，电网220kV和110kV同塔架设，当天当地局部地区气候为雷雨大风同期。分析认为，恶劣天气引起外部线路接地故障。

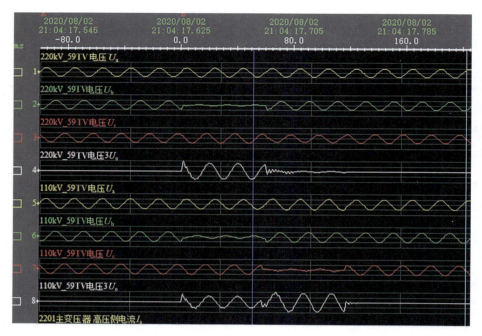

图 5-30　电网变电站故障录波装置 $3U_0$ 波形图

（7）开关控制（跳闸）回路检查。远方、就地、保护传动、控制台按钮等操作灭磁开关分合闸，灭磁开关动作正确。传动检查内容包括：

1）发电机−变压器组保护传动试验正确无异常。

2）非电量保护传动试验正确无异常。

3）手动跳、合试验未见异常。

4）操作按钮分闸试验及传动正常。

（8）主控室操作回路检查。8 月 3 日 21:30:00—22:00:00，对 3 号机组燃气轮机发电机开关操作系统、保护端子、操作回路进行检查，无异常现象。8 月 3 日 21:30:00—22:00:00，对 4 号机组汽轮机发电机开关操作系统、保护端子、操作回路进行检查，无异常现象。

（9）励磁系统及一次设备检查。8 月 3 日 21:30:00—22:00:00，对 3、4 号机组励磁调节器至发电机转子间母线进行绝缘电阻测试，绝缘阻值无异常；对励磁机进行绝缘电阻测试，励磁机绝缘阻值无异常；对励磁调节器、灭磁开关进行检查未见异常。

（10）发电机定子和转子检查。8 月 3 日 21:30:00—22:00:00，对 3、4 号发电机定子、转子进行绝缘电阻测试，发电机定子、转子绝缘电阻合格。

4．原因分析

（1）定位事故查找方向。通过调取故障录波器录波波形分析继电保护动作情况，变压器故障分析流程如图 5-31 所示，按照图 5-31 中的流程进行分析判断，分析结果清晰指明事故的方向是线路发生单相接地形成暂态过电压，造成有载调压分接开关的间隙动作放电并发展成故障。

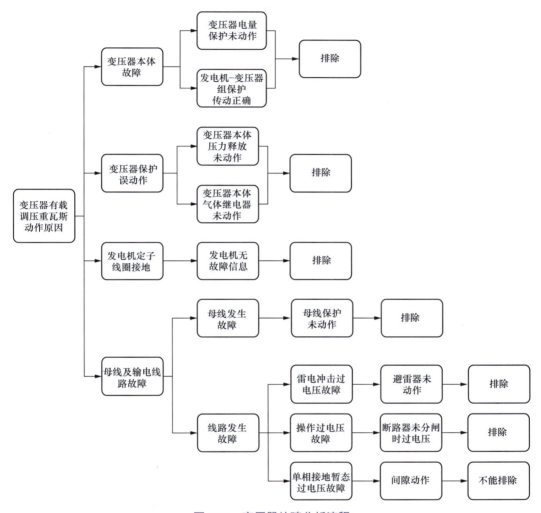

图 5-31 变压器故障分析流程

（2）原因追溯分析。

1）变压器中性点电压值分析。

根据电厂故障录波器采集到的 2、3 号主变压器 $3U_0$ 电压波形发现，×× Ⅱ 线 B 相单相接地故障持续 60ms，$3U_0$ 在起始位置存在明显的高频振荡，最大峰值分别达到 621.6、475.9kV，频率为 3333Hz，持续 3.9ms 后开始衰减，这属于高频过电压，是由电压互感器饱和时过磁通的谐波干扰形成的，这个尖峰测量值不能反映真实情况，不予采信。中国电科院在搭建雷电电路模型中也证明这一点。根据主设备电抗参数以及系统最大、最小方式下的电抗参数，搭建××Ⅱ线 B 相单相接地的电路模型。电路模型分析如图 5-32 所示，通过模型分析可知在该故障情况下，无法产生频率 3333Hz 的尖峰高频过电压。

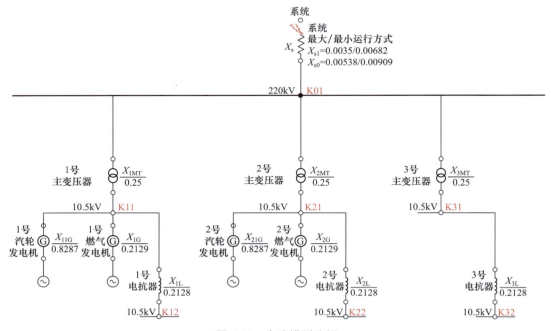

图 5-32　电路模型分析

高频电压衰减后的电压为工频零序电压，持续时间为 56.1ms，两台主变压器工频零序电压幅值分别是 131、129kV，这个数值是真实可信的。

2）变压器中性点保护间隙动作原因。2、3 号主变压器中性点为不接地运行状态，通过并联中性点的避雷器和放电保护间隙共同完成过电压保护功能。保护间隙的空气距离为 268mm，工频放电电压为 3.8kV/cm×26.8cm=102kV，避雷器的额定电压 144kV，短时工频耐受电压为 200kV，残压 320kV。两台主变压器中性点和高压侧避雷器的动作记录仪显示数值均为零，说明避雷器未动作，通过现场录像回放发现两台主变压器中性点的放电保护间隙有放电现象，说明在变压器中性点过电压侵入时刻，保护间隙先于避雷器动作。原因是故障时刻的中性点暂态零序电压大于 102kV，小于 200kV，所以变压器中性点保护间隙动作而避雷器未动作。

3）有载调压分接开关间隙烧损原因。有载调压分接开关间隙烧损是由于其间隙放电回路（其作用是保护级间过电压）接至变压器中性点，由于 2、3 号主变压器中性点运行方式为不直接（经放电间隙）接地运行，因而导致分接开关间隙悬浮，有载调压分接开关间隙放电回路未能有效形成，有载调压分接开关间隙原理如图 5-33 所示。开关间隙保护工频电压动作值 20kV，变压器中性点间隙保护电压动作值（冲击电压或暂态电压）为 102kV。当系统发生单相接地后，变压器中性点电位升高，分接开关间隙（在有载调压油室内）保护动作但放电回路不接地，因而过电压能量无法释放，有载调压分接开关内间隙集聚能量在油室内无规律放电寻找低电位，最后通过均压环放电接地，有载调压分接开关间隙被释放的过电压能量烧损。3 号主变压器有载调压分接开关间隙对均压环放电路径如图 5-34 所示。

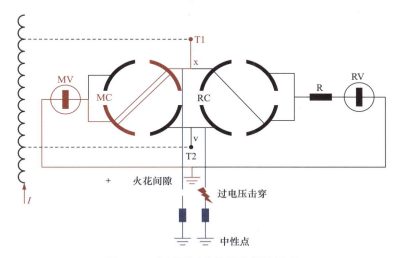

图 5-33　有载调压分接开关间隙原理

图 5-34　3 号主变压器有载调压分接开关间隙对均压环放电路径

4）结论。

a）220kV××Ⅱ线和 2、3 号主变压器继电保护动作正确，2、3 号主变压器中性点间隙动作正确。

b）有载调压分接开关间隙设计与主变压器运行方式不匹配，未考虑主变压器中性点不接地的运行情况。

c）主变压器中性点间隙距离调试时未考虑最大击穿电压，不能拦截线路最大单相接地暂态电压。

5. 暴露问题

（1）产品设计制造缺陷：220kV 主变压器有载调压分接开关放电间隙在主变压器中性点通过间隙接地时不宜选用直接放置在油室内，建议选用有载调压分接开关放电间隙为避雷器。

（2）主变压器中性点间隙未按最大击穿电压调整。

（3）产品未见短路承受能力试验型式报告：未查到相关的短路承受能力试验报告。应按《防止电力生产事故的二十五项重点要求（2023 版）》的要求，对于 240MVA 及以下容量变压器应选用通过短路承受能力试验验证的相似产品。

（4）产品出厂试验项目不全：主变压器出厂报告中未查到中性点 400kV 全波冲击和 400kV 截波冲击报告。

6. 处理及防范措施

（1）针对 2 台变压器受损不同，结合生产发电需要，将损伤程度较轻的主变压器有载调压分接开关拆除，改为固定分接运行方式，另一台变压器返厂修复。变压器试验标准按照 GB 50150《电气装置安装工程　电气设备交接试验标准》的规定执行，主要试验项目有直流电阻、变比、绕组变形、介质损耗、交流耐压、局部放电试验等，试验合格后送电投入备用。

（2）建议对变压器中性点间隙按最大击穿电压进行核算，调整变压器中性点间隙，防止发生类似事件。

（3）变压器厂家提供有载调压分接开关与变压器绕组运行方式匹配的理论计算和仿真计算，确保绝缘裕度满足设计需求，保障变压器抗动热稳定能力。

（4）采购变压器时，应要求厂家提供中性点 400kV 全波冲击和 400kV 截波冲击出厂冲击试验报告。

（5）目前主变压器有载调压分接开关油室无取样口，建议具备条件时，由制造厂对有载开关油室进行改造，增加取样口。由电厂按照 DL/T 574《电力变压器分接开关运行维修导则》的相关要求，将 1 号主变压器有载调压分接开关油室内的绝缘油采样一次进行微水与击穿电压试验，并进行色谱分析。2、3 号主变压器送电带负荷后采样定期进行微水与击穿电压试验，并进行色谱分析。

四、发电机定子绝缘故障

1. 设备概况

某公司 1 号发电机为 QFR-135-2J 型空冷发电机，绝缘材料等级为 F 级，容量为 158.8MW。具体发电机参数见表 5-5。

表 5-5　　　　　　　　　　　　　　1 号发电机参数

型号	QFR-135-2J	额定容量（MW）	158.8
额定电压（kV）	13.8	额定电流（A）	6645
额定转速（r/min）	3000	额定频率（Hz）	50
绝缘等级	F	冷却方式	空冷
额定励磁电压（V）	—	额定励磁电流（A）	890
接法	Y	产品编号	201102002
出厂日期	2011.12		

2. 事件经过

2023 年 1 月 13 日，检查发现处于大修期间的 1 号发电机腔内结露，有凝结水现象，测试线圈绝缘低，干布擦拭并在腔口加装通风扇进行空气流通，投入发电机空间加热器。1 月 14 日，定子线圈绝缘 200MΩ 以上。1 月 28 日，1 号发电机三相线圈绝缘低，加装外部热风加热装置对定子铁芯、线圈进行加热吹扫处理，至 2 月 8 日外部加热仍无效果，采取定子短路加热的方法，额定转速下线圈短路发热除潮气。2 月 9—15 日，先后 11 次短路加热，绝缘有明显好转，但尚未达到直流泄漏和直流耐压试验要求，不满足启动要求。2 月 17 日，抽转子后 2500V 三相定子绝缘电阻均大于 1GΩ；B 相交直流耐压试验通过；A、C 相交流耐压、直流耐压均无法升压，C 相试验中有明显放电现象。2 月 19 日，综合分析 1 号燃气轮机发电机定子线棒多处存在明显绝缘异常，确定整体线棒更换。

3. 检查情况

（1）发电机历史运行情况。1 号发电机绝缘材料等级为 F 级（材料不允许温度超过 155℃），于 2013 年投运，设置的报警温度为 125℃，调取 2018 年 11 月 15 日以来的发电机运行情况，2018 年运行最高温度 120.0℃，2019 年运行最高温度 120.2℃，2020 年运行最高温度 119.6℃，2021 年运行最高温度 123.7℃，2022 年运行最高温度 118.4℃，整体运行温度偏高。1 号发电机定子线棒运行温度统计如图 5-35 所示。

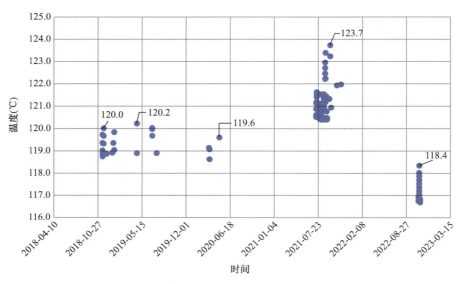

图 5-35　1 号发电机定子线棒运行温度统计

（2）发电机预防性试验开展情况。查阅 1 号发电机转子检修作业文件包，对比 DL/T 596《电力设备预防性试验规程》，梳理 1 号发电机在 A 级检修时开展的预防性试验及执行情况，以及原始数据记录或试验结果，具体情况见表 5-6。

表 5-6　　　　　　　　　　1 号发电机 A 级检修时预防性试验执行情况

序号	试验项目	周期	是否列入检修计划	执行情况
1	定子绕组绝缘电阻、吸收比或极化指数	A 级检修前、后	是	A 修前试验合格，A 修后 A、C 相绝缘电阻存在异常
2	定子绕组直流电阻	A 级检修时	是	A 修时发现 A、B、C 三相电阻最大差别 2.4%，超过 2%。与上一次相比没有进一步劣化上次检修最大误差 2.7%
3	定子绕组泄漏电流和直流耐压	A 级检修前、后	是	A 修前试验完成，试验合格；A 修后试验不合格
4	定子绕组工频交流耐压	A 级检修前	是	A 修前试验完成，试验结果是合格
5	转子绕组绝缘电阻	A 级检修中转子清扫前、后	是	A 修前试验合格
6	转子绕组直流电阻	A 级检修时	是	A 修时试验合格
7	发电机和励磁机的励磁回路所连接设备（不包括发电机转子和励磁机电枢）的绝缘电阻	A 级检修时	是	A 修前已执行
8	发电机和励磁机的励磁回路所连接设备（不包括发电机转子和励磁机电枢）的交流耐压	A 级检修时	是	A 修时用 2500V 绝缘电阻测试仪代替

续表

序号	试验项目	周期	是否列入检修计划	执行情况
9	发电机和励磁轴承绝缘电阻	A级检修时	是	A修时试验合格
10	灭磁电阻器（或自同期电阻器）直流电阻	A级检修时	是	A修时已执行
11	灭磁开关并联电阻	A级检修时	是	A修时已执行
12	转子绕组的交流阻抗和功率损耗	A级检修时	是	A修时膛内试验合格
13	重复脉冲（RSO）法测量转子匝间短路	必要时	是	膛外静止状态下试验合格
14	检温计绝缘电阻	A级检修时	是	A修试验已执行
15	隐极同步发电机定子绕组端部动态特性和振动测量	A级检修时	是	已执行，试验合格
16	定子绕组端部电晕	A级检修时	是	已执行，A修时A相励端7点钟、B相汽端7点钟各一个点光子数异常，已进行处理
17	转子气体内冷通风道检验	A级检修时	是	A修试验已执行
18	轴电压	A级检修后	是	因定子绝缘问题，不具备开展条件
19	空载特性曲线	A级检修后	是	因定子绝缘问题，不具备开展条件
20	红外测量	按照 DL/T 1524《发电机红外检测方法及评定导则》的规定执行	是	每月1次

（3）提高发电机定子绝缘试验及措施检查情况。2023年2月9—13日，进行了10次定子短路加热（电流控制在80%以下）加热，加热时间在2～2.5h，每次加热后进行了绝缘电阻测量，其中在第3、10次加热后进行了试探性直流耐压试验。第10次直流耐压试验时，C相在25.5kV时有放电声。

2023年2月14日，复测2500V绝缘电阻测量均在300MΩ以上，直流耐压B相27kV，C相20.3kV放电（2点钟方向，上次23kV），A相6.4kV（2000uA，最大）无法继续升压。

2023年2月15日，第11次短路加热，加热时间9h，额定电流控制在80%以下。短路加热后，2500V绝缘电阻测量均在1GΩ以上。

（4）转子出膛检查情况。

1）试验及定位情况。2023年2月17日，1号发电机转子出膛后进行了定子绝缘电阻测量、直流耐压试验和电晕试验。

根据试验数据分析，A、B相绝缘电阻在2500V、5000V电压下均大于1GΩ；C相绝缘电阻在2500V电压下大于1GΩ，但是在5000V电压下20MΩ。A、C相交流耐压和直流耐压试验无法正常升压，判断发电机 A、C 相线圈有明显贯穿性缺陷；B 相交、直流耐压试验通过，但是直流泄漏电流异常，交流耐压监测电晕发现多处光子数超过 1000，表明 B 相也存在绝缘缺陷。

2）定子膛内情况检查。膛内检查励侧 2 点钟位置，发现明显碳化痕迹，与 2 月 14 日 C 相直流耐压时击穿放电相对应，基本确认为 C 相放电点。1 号发电机 C 相定子线棒放电及碳化位置如图 5-36 所示。

图 5-36　1 号发电机 C 相定子线棒放电及碳化位置

同时，发电机膛内检查发现励端和汽端共 23 根线棒表面绝缘出现破损，具体情况如图 5-37 所示，部分绝缘破损处出现碳化情况。

图 5-37　1 号发电机励端、汽端线棒开裂情况

各线棒绝缘开裂处均为出槽口 8cm 左右位置（高阻带与低阻带搭接部位），绝缘破损位置存在污渍。

（5）原因排查试验开展情况。

1）定子端部模态试验。2 月 22 日，完成 1 号发电机定子端部模态试验，试验合格，发电机定子线圈不在共振区域，整体模态试验结果见表 5-7。

表 5-7　　　　　　　　　　　　　整体模态试验结果

阶数	励侧			汽侧		
	频率（Hz）	阻尼（%）	模态振型	频率（Hz）	阻尼（%）	模态振型
1	31.41	2.4	不规则	31.62	2.1	不规则
2	65.82	1.9	三角	60.80	3.1	不规则
3	79.16	2.0	不规则	74.76	5.0	不规则
4	87.10	3.3	不规则	88.90	3.1	不规则
5	96.21	3.5	不规则	97.44	2.9	不规则
6	105.58	1.7	不规则	105.23	3.2	不规则
7	110.63	0.8	不规则	115.70	3.3	不规则

2）电容冲击法定位。2 月 23 日，开展电容冲击法排查定子放电部位。A 相电容冲击试验电压 14kV，C 相电容冲击试验电压 10kV。由于 A、C 相绝缘电阻为 0，导致高压电压无法在故障点建立，在冲击电容放电时直接导通。判断 A、C 相存在贯穿性击穿，无法定位线棒的具体位置。

（6）拆除线棒检查。检查线棒存在明显绝缘缺陷共 23 根，分布面积较广，非局部绝缘缺陷，局部处理无法满足发电机长期稳定运行，由原制造厂家对整台发电机定子线棒进行更换。3 月 9 日，132 根定子线棒全部取出。因发电机定子层间垫条上、下面均为含胶半导体适型毡，含胶半导体适型毡在高温固化后与线棒黏连在一起，且定子下线安装时，线棒侧面与槽之间用半导体玻璃布板填充间隙，两方面因素导致抬取线棒不顺利。定子线棒在取出和清理层间垫条的过程中都对线棒绝缘和防晕层造成损伤，定子线棒拆除后已破坏，部分故障点损坏，查找全部放电部位难度增大。

通过现场排查及拆除定子线棒分析，发现多根线棒故障点位置为线棒高阻带与低阻带搭接部位，存在开裂，电晕腐蚀、放电碳化痕迹，具体如图 5-38 所示。

图 5-38　电晕腐蚀、放电碳化痕迹

部分线棒在相同部位存在不同程度开裂、老化痕迹。不同线棒的相同部位，由轻到重存在老化痕迹、电晕腐蚀、电晕放电痕迹，具体如图 5-39 所示。

图 5-39　不同程度隐患线棒

（7）定子线棒切割检查。对存在放电痕迹线棒电晕放电处部位切割检查，发现线棒绝缘厚度不均匀，绝缘层有分层，胶化线圈铜线倾斜，胶化线圈圆角较尖，故圆角处的绝缘较薄，如图 5-40 所示。

图 5-40　线棒切割检查

（8）定子线棒受潮原因排查情况。机组大修期间，当地多为阴雨天气，空气湿度较高、期间温差较大。

检修前期未对发电机腔内采取相应的驱潮预防性措施。2023 年 1 月 13 日发现发电机腔内结露，有凝结水现象，测试定子线圈绝缘低，干布擦拭并在腔口加装通风扇进行空气流通，投入发电机空间加热器。

（9）同类发电机调研情况。

1）发电机定子线棒运行温度偏高调研情况。调研同等机型空冷发电机并进行对比分析，具体调研结果见表 5-8，以上发电机绝缘等级均为 F 级，定子线棒最高运行均未超过 100℃，1 号发电机定子线棒最高运行温度超过 120℃。

表 5-8　　　　　　　　　　空冷发电机运行时定子线棒最高温度调研

机组型号	定子线棒最高温度（℃）
QF-180-2	85
QF-180-2	90
QFR-165-2-15.75	85
QF-150-2	85
WX21Z-073LLT-145	95

2）发电机定子线棒绝缘异常调研情况。某厂商的 3 号发电机与该 1 号发电机属同一汽轮机电厂同类型产品，2015 年投运，因定子线棒绝缘问题在 2020 年 8 月返厂大修，更换 6 根故障线棒。重新投运后，短时间内再次发生定子绝缘异常，后经现场检查发现线棒多处出现过热碳化现象。同期，另一厂商的同类空冷发电机也发生过类似问题。

4. 原因分析

（1）发电机定子线棒运行温度偏高对绝缘降低的影响。1 号发电机定子运行温度对比同类型机组相对偏高，但未超过报警值和绝缘材料设计值，发电机定子线棒长期运行温度高会加速绝缘材料老化。绝缘低短路加热驱潮处理，线棒最高温度为 105℃，未超过设计报警温度。现场检查分析故障线棒未发现过热迹象，温度偏高不是此次线棒绝缘异常的直接原因。

导致定子线棒运行温度偏高原因：一是发电机定子线棒截面载流量偏小，定子大电流时易发热；二是发电机冷却系统设计容量偏小，冷却器设计功率为 1800kW，目前该厂商生产的同等型号发电机冷却器设计功率增至 2000kW；三是线棒侧面与槽之间用半导体玻璃布板填充间隙并刷胶固定，阻碍部分冷风通流，影响定子线棒散热。

（2）发电机定子线棒磨损对定子线棒绝缘降低的影响。从定子线棒拆解过程中可知，线棒在线槽内比较牢固，现场未发现线棒绑绳有松动迹象，未发现黄粉等线棒磨损痕迹；发电机定子绕组端部动态特性和振动测量试验合格，定子绕组不发生共振磨损破坏定子线棒外绝缘的问题，基本可以排除线棒磨损导致此次绝缘异常。

（3）发电机定子线棒受潮原因分析。1月12—24日当地多为阴雨天气，空气湿度较高，低温产生结露现象，因线棒高阻带与低阻带搭接部位存在开裂或局部间隙隐患，水分夹杂灰尘等污垢侵入该部位绝缘层，导致线棒绝缘降低，定子线棒受潮为此次绝缘故障的诱因。

（4）发电机定子线棒工艺质量缺陷。多根定子线棒高阻带与低阻带搭接部位存在老化痕迹、电晕腐蚀、电晕放电痕迹，因线棒高阻带与低阻带搭接部位绝缘材料不同、搭接面较小、存在间隙和绑扎紧度等影响，防电晕措施部分失效，线棒高阻带与低阻带搭接部位在高磁场下易产生电位差，发生局部放电或电晕放电，导致线棒高阻带与低阻带搭接部位绝缘降低放电。

综上分析：1号发电机定子线棒端部高阻带与低阻带搭接部位绝缘防高场强质量工艺不佳，在发电机端部高磁场强度下，定子线棒存在电晕腐蚀、放电碳化绝缘破坏。空冷发电机长期运行中灰尘等污垢不断侵入附着在端部绕组上，大修期间线棒表面结露、潮气作用，使得端部表面绝缘强度降低，感应电场变得极不均匀，交直流耐压试验期间，增大了电晕放电产生机理，形成感应电晕放电的通路，导致大量线棒绝缘不合格。

5. 暴露问题

（1）设备检修管理存在缺失，未考虑潮湿天气对发电机定子绝缘影响。依据GB/T 7064《隐极同步发电机技术要求》的相关规定，允许配备加热装置，以保证停机时机内相对湿度低于50%，检修期间未采取相应的预防性技术监督管理措施。

（2）设备隐患排查不深入，未关注到同类型产品存在定子绝缘薄弱隐患。针对同类型机组发电机的转子和定子存在品质不高问题，未能及时收集发生过的定子线棒绝缘隐患问题，未能在大修前提前开展隐患排查，导致此次大修被动。

6. 处理及防范措施

（1）故障线棒分析。结合线棒故障点绝缘层检测数据分析线棒高阻与低阻带绝缘层材质问题。

（2）线棒拆装建议。

1）定子铁芯保护：监督拆除线棒期间铁芯保护。

2）定子铁芯清理：定子槽清理彻底，风道清理检查有无异物（铁磁性物质），检查铁芯齿片受损的位置并进行专项处理，铁芯修复处涂胶固定（防止运行后齿片震动）。

3）定子铁芯验收：对清理干净的铁芯开展铁损试验。

4）回装实施方案：让厂家提供线棒进厂验收、存放、试验、回装等工艺、质量和标准要求，组织发电机专家审核，合理设置质检点，方可进行线棒安装工作。

5）修后试验验收：确定修后发电机按新发电机的标准开展交接试验项目，保障合格的发电机投运。

6）线棒冷却措施：复核发电机冷却器容量，运行期间控制发电机定子线棒运行温度。

（3）预防措施制定。

1）1号发电机定子抢修期间，制定1号发电机转子防潮措施，单机运行安全运行措施，并严格落实执行。

2）开展同类型隐患排查，制定3号发电机隐患排查方案，适时开展。

3）发电机运行指标控制，调整发电机冷却进出风参数，使发电机定、转子运行温度符合设计要求。

4）针对燃气轮机发电机，建议加强发电机检修过程管控、关键节点验收把关，制定发电机定、转子防潮、防凝露措施，重点排查发电机出槽口绝缘包扎是否存在开裂、电晕腐蚀等异常问题；加强发电机在线监测装置运行管理，发挥在线监测装置实时或短周期监测的作用。